服装设计美学研究

卓　静◎著

中国原子能出版社

图书在版编目（CIP）数据

服装设计美学研究 / 卓静著 . -- 北京 ：中国原子
能出版社 ，2024. 11. -- ISBN 978-7-5221-3816-9

Ⅰ . TS941.11

中国国家版本馆 CIP 数据核字第 2025N0T021 号

服装设计美学研究

出版发行	中国原子能出版社（北京市海淀区阜成路 43 号　100048）	
责任编辑	杨晓宇	
责任印制	赵　明	
印　　刷	炫彩（天津）印刷有限责任公司	
经　　销	全国新华书店	
开　　本	787 mm×1092 mm　　　1/16	
印　　张	13.75	
字　　数	216 千字	
版　　次	2024 年 11 月第 1 版	2024 年 11 月第 1 次印刷
书　　号	ISBN 978-7-5221-3816-9	**定　价**　72.00 元

作者简介

卓静，女，1977年8月出生，浙江宁波人，中共党员，毕业于浙江理工大学，服装艺术设计专业，大学本科学历，现任浙江纺织服装职业技术学院高级实验师，研究方向为服装工艺技术、服装与服饰设计。主持浙江省教育厅一般课题2项、浙江省教育规划课题1项、宁波市社科联课题3项、宁波市教育规划课题3项、"纺织之光"教学改革项目1项。于国内外期刊发表论文十余篇，荣获2022年中国纺织工业联合会教学成果奖二等奖1项，2022年浙江省职成教优秀教科研成果二等奖1项，2024年中国纺织工业联合会教学成果奖一等奖1项、二等奖1项。

-- 前　言

在当今这个多元化的时代，服装设计不仅是一种实用的技艺，更是一种艺术的表达。在服装设计领域，美学是一个至关重要的因素。设计师通过对色彩、线条、形状和质地的巧妙运用，创造出既美观又实用的服装。美学不仅是视觉上的享受，更是服装设计的灵魂所在。它涉及人们对时尚潮流的敏锐洞察、对传统文化的深刻理解以及对现代审美的独特把握。

设计师在创作过程中，会充分考虑服装的功能性和舒适性，同时追求视觉上的和谐与平衡。他们通过对不同面料的选择和搭配，以及对细节的精细处理，使每一件作品都散发出独特的魅力。服装设计中的美学不仅体现在整体造型上，还体现在每一个纽扣、每一处缝线和每一个装饰物的设计上。

此外，服装设计美学还与社会文化背景密切相关。设计师可通过对不同文化元素加以借鉴和创新，使服装作品具有更深层次的文化内涵。这种跨文化的美学表达，不仅能丰富服装设计的多样性，也能提升其艺术价值。

总之，服装设计美学是一个复杂而多维的概念，它不仅是设计师对美的追求，更是设计师对功能、舒适和实用性的综合考量，涵盖了视觉艺术、实用功能和文化内涵等多个方面。通过对服装设计美学的深入研究，不仅能够更好地理解服装设计的本质，还能在实际设计过程中更好地把握和运用美学原则，创造出更具吸引力和感染力的作品。

本书共有五章，第一章为服装设计概述，包括服装设计的概念、服装设计的要素、服装设计的作用以及服装设计的原则和要求；第二章为服装设计的美学原理，主要论述了服装设计中的形式美原理、服装设计中的视觉错觉原理和服装设计的美学规律；第三章为服装设计中的服装材料审美，具体阐述了服装材料的概念与分类、服装材料审美艺术的构成要素、服装材料审美艺术的基本特征、服装材料审美构成与创新以及服装材料艺术与服装设计的融合；第四章为服装设计中的艺术美与科技美，主要论述了服装设计中的艺术美、服装设计中的科技美以及服装设计中的艺术美与科技美的统一；第五章为服装设计的审美创造与表达，具体包括创造性思维审美意识及其设计方法、服装设计审美创造性表达。

在撰写本书的过程中，笔者参考了大量的学术文献，得到了许多专家学者的帮助，在此表示真诚感谢。本书内容系统全面，论述条理清晰、深入浅出，但由于笔者水平有限，书中难免有疏漏之处，希望广大读者批评指正。

目　录

第一章　服装设计概述···1

　　第一节　服装设计的概念···1

　　第二节　服装设计的要素···5

　　第三节　服装设计的作用··28

　　第四节　服装设计的原则和要求·····································32

第二章　服装设计的美学原理···39

　　第一节　服装设计中的形式美原理···································39

　　第二节　服装设计中的视觉错觉原理·································55

　　第三节　服装设计的美学规律·······································78

第三章　服装设计中的服装材料审美······································84

　　第一节　服装材料的概念与分类·····································84

　　第二节　服装材料审美艺术的构成要素·······························92

　　第三节　服装材料审美艺术的基本特征·······························95

　　第四节　服装材料审美构成与创新··································102

　　第五节　服装材料艺术与服装设计的融合·····························119

第四章　服装设计中的艺术美与科技美·······················140

　　第一节　服装设计中的艺术美·······················140

　　第二节　服装设计中的科技美·······················172

　　第三节　服装设计中的艺术美与科技美的统一·······················190

第五章　服装设计的审美创造与表达·······················194

　　第一节　创造性思维审美意识及其设计方法·······················194

　　第二节　服装设计审美创造性表达·······················201

参考文献·······················208

第一章　服装设计概述

服装设计是一门综合性学科，它与创意、美学、功能性和时尚趋势紧密相关。服装设计师能创意地使用不同的面料、色彩和剪裁方式，设计出好看又舒适的服装，满足人们对时尚、美丽和功能性的需求。本章为服装设计概述，包括服装设计的概念、服装设计的要素、服装设计的作用以及服装设计的原则和要求。

第一节　服装设计的概念

衣、食、住、行是人类生存的基本需求，为满足这些需求，我们需要食器、房屋、衣服等各种物品，而随着人类社会不断发展，大部分人的基本生存已经得到满足，对这些物品的要求已经从功能性拓展到审美性，既要有用好用，又要美观好看。这种"用"和"美"的愿望形成了设计的理念，进而促成了设计的实践，设计意识和行为的产物就是设计产品。

一、服装的含义

我们每个人都对"服装"这一词汇非常熟悉，但是"服装"的概念是什么，还需要我们从学术角度进行明确界定。人类基本的生活需求可以归结为衣、食、住、行，其中衣位于首位，穿衣是人类与动物有别的一个主要特征。衣就是服装。

（一）服装学对服装的界定

从服装学的层面对服装的概念进行界定，我们可以将之分为广义和狭义两种。前者包含衣服、鞋帽，以及首饰、手套、包等服饰配件，乃至人身上的所有形式的装束。有些服装设计师以创造性的设计思维，超越传统的服装形式，设计出非常规的服装，这使服装概念的覆盖面进一步得到延展。如日本设计师三宅一生（Issey Miyake）设计的概念服装，选取了非服用材料如日本宣纸。这种服装更侧重于观念表达而非实用功能，体现了他对服装的思考，且这种服装既不具备遮阳、蔽体、保暖等功能属性，也不具备区分性别、身份等社会属性。他的设计打破了人们对于服装的认识，创造出无序、自由的服装形态。

狭义层面上，服装仅指衣裤裙衫等用服用材料制作的人体穿着的物品。

从服装的狭义角度看，服装的构成主要包括服装造型、服装材料、服装色彩、服装结构、服装工艺等几大基本要素。

（二）词义学对服装的界定

从文字属性来看，服装的含义分为两种。其一，将"服"和"装"字分开解释，前者为动词，指的是穿，后者为名词，指的是某类服装。两者合起来意思是穿着服装，也就是人体穿着服装的整体状态。

其二，我们将"服装"理解为动词，也就是用于覆盖、遮蔽、美化人体的物质形态的物品。

（三）社会学对服装的界定

从社会学角度看，构成服装还需要与之相关的一些条件，这一概念与服装的定义中服装作为人体着装后的整体状态的概念是一致的，即服装还需要包含人的因素。

没有人体作为基本支撑，服装只能被称为衣服，其造型难以完整而淋漓尽致地表现出来。这一点是服装艺术设计相对于其他现代艺术设计最大的区别，服装所有的表现必须依附于人体并受到人体的基本限制。有了衣服与人体的完美结合，才能实现服装的整体表达。

对于着装者而言，他们着装时能够清晰地意识到自己的着装是可以被旁观的，即存在自己着装效果的观察者。这种意识会使着装者在选择着装时有所倾向和要求。

着装者可以清楚地意识到自己在穿着怎样的服装，着装后的效果如何，通过着装能够使自己表现出怎样的面貌，比如精明强干、性感华丽、精致优雅、活泼可爱、稳重大方等。这种意识的具备使人们在对服装进行选择时有不同的要求。当然，对于着装效果的评判因人而异。可能会因为标准的不同导致人们对着装效果评判的结果不同，也可能出现着装者本人想达到的预期效果与旁观者所得到的观察效果大相径庭的现象，这只能说是着装者对服装的把握还不够好，其本身仍然具备清醒和充分的着装意识。

此外，人的社会属性使人们都有得到社会认同的心理需求。每个人都隶属于这个庞大繁复的社会体系中的某一特定群体。随着作为个体的人的自身发展变化，他／她在不同阶段可能属于不同群体，但无论属于哪一群体，他／她都会希望自己得到这一群体的认可。在这种渴望被认可的表达中，服装是非常重要的一种表现形式。人们会选择和这个群体相符合、相适应的服装服饰品装饰自己以表明自己的身份、财富、职业、地位等隐形内容，以求得到这个群体的认同。

二、设计的含义

设计 design 一词与意大利语 disegno、法语 dessin 相同，可追溯至拉丁语 designare，而拉丁语 designare 是 de 与 signare 的组合词，其中 Signare 的意思是记号，所以 design 具有计划、记号的含义。在现代社会中，设计一词在企业、艺术、工业等各领域得到了广泛应用，涵盖了意匠、图案、设计图、构思方案、计划、设计、企划等含义。

设计是以满足人们的机能性和审美性需求为目的的，"用"和"美"的意识相结合的产物；是人们为了完成一定的目标或者表达一定的效果而进行的计划、设想、构思等创造性思维活动以及将它们变成现实的过程。

从不同的视角和方法，我们可以将设计划分为多个不同的类型体系，对此，设计师和设计学科的理论研究者进行了很多研究，得出了不同的结论。如今，受到设计界和学术界广泛认可的是按照设计目的分类的方式，即将设计分为三大类型：视觉传达设计、产品设计、环境设计。实际上这种分类方式是以自然、人、社会为坐标点，它们的不同对应关系形成了上述三个基本设计类型。自然、人、社会实际上就是构成世界的三大要素，所以，这种分类方式具有包容性、正确性和科学性。自然、人、社会三大基本要素与视觉传达设计、产品设计、环境设计的关系如图1-1-1所示。

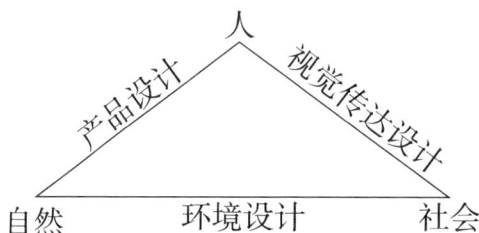

图 1-1-1　设计类型的划分

三、服装设计的含义

综合服装的含义和设计的含义，我们可以总结出：服装设计是以人整体着装状态为设计对象，以服装和服饰品为设计产物，通过绘画形式表现设计构思，以合适的材料和技术，将设计构思物化为实际物品的创造性行为，是一种视觉的、非语言信息传达的设计艺术。

服装设计属于产品设计的范畴。从空间角度看，它属于三维立体设计，包含多方面内容，既有关于设计对象——人的内容，也有关于设计产品服装的内容，还有关于设计传达设计信息的内容。

第二节　服装设计的要素

不管是音乐这样的抽象事物，还是人体这样的具象事物，都是由若干个要素构成的整体，服装设计也不例外。服装设计的构成要素是服装设计师必须了解的专业知识，只有这样，他们才能客观地分析服装，完成服装设计。服装设计的要素主要包含造型要素、色彩要素、材质要素、工艺要素、结构要素、配件要素六种。

一、造型要素

服装设计的造型要素为点、线、面、体和肌理，其中前四者是所有造型艺术的基本要素，也叫作形态要素。四者之间既有差别，又相互联系、相互转化，难以被严格区分。体由无数个面堆积而成，面由无数条线排列而成，线由无数个点连接而成。所以，从造型的角度看，这四者是相对而存在的，如一株草相对于一片森林是一个点，但是相对于一片叶子是一个体。

"点、线、面是造型艺术表现的最基本语言和单位，它具有符号和图形特征，能表达不同性格和丰富的内涵，它抽象的形态，赋予艺术内在的本质及超凡的精神。"[1]

点、线、面、体根据造型学理论，是由视觉引起的心理意识。此四者与肌理是在进行服装造型设计时必须把握的基本要素，是将造型设计构思从抽象转变为具象的关键，是抽象的形态概念在服装这一实物上的具体表现。

（一）点

"从内在性的角度来看，点是最简洁的形态。""（它）是所有其他形状的起源，其数量是无限的。一个点的面积虽小，却有着强大的生命力，它能对人的精

---

[1] （俄）康定斯基 . 康定斯基论点线面 [M]. 罗世平，等译 . 北京：中国人民大学出版社，2003.

神产生巨大的影响。"[①] 在服装设计中，点能够概括简化形象，使画面气氛更加活跃，丰富画面层次。服装设计师可以借助各种材料和肌理来表现点，从而形成富有创意的服装设计作品。

1. 点的概念

《辞海》对点的解释为：（1）细小的痕迹，如：斑点。《晋书·袁宏传》："如彼白质无尘点。"（2）液体的小滴，如：雨点。（3）汉字笔画的一种，即"、"。

点是服装设计中的最小单位和最基础要素，是所有形态的基础。立足于造型学的角度，点作为视觉单位，具有空间位置，以及大小、面积、形态、浓淡甚至方向等性质，能够表现各种各样的形态。点在设计中并不一定是圆形，也可以是三角形、四边形或者各种各样的不规则形态。

2. 点的种类

点的种类十分多样，我们可以按照不同的标准分为多个种类，如按照数量上可分为单点、双点和多点；按照大小可以分为大点和小点；按照状态可以分为固态点和液态点；按照形状可以分为几何形点、有机形点、自由形点。单点具有聚焦、强调的作用，能够抓住人的视线，视觉冲击力极强。点作为一种视觉形式，在生成时就有了一定大小。

3. 点的表情

点的表情可以被理解为点给人带来的感觉、感受。不同的运用目的、表现手段、材料和媒介等所呈现的点是不同的，给人的感觉也存在差异。

（1）点的大小与形状：点的表情与其大小有关，一般而言，大点具有简洁感和单纯感，缺少层次感；小点具有光泽感、丰富感和琐碎感。点的表情与其形状有关，方形的点会给人秩序感、稳定感和滞留感，圆形的点会给人运动感、柔和感，如图 1-2-1 所示。

---

① （俄）康定斯基 . 论艺术的精神 [M]. 查立，译 . 北京：中国社会科学出版社，1987.

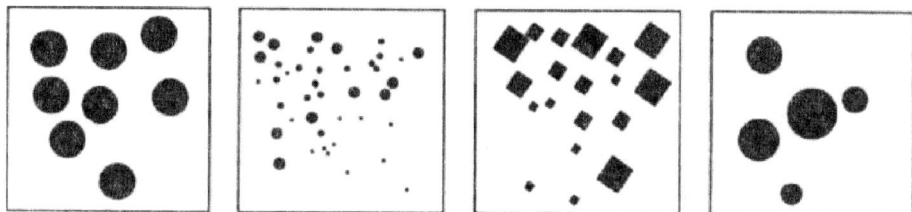

图 1-2-1　点的大小与形状

（2）点的位置关系：当点位于空间的正中央会给人稳定感，有聚集视觉焦点的作用；当点位于空间的上方会给人下落感；当点位于空间的下方会产生踏实的安定感；点移至左下或右下时，会在踏实安定中增加动感。（图 1-2-2）

图 1-2-2　点的位置

（3）点的线化和面化：点按照一定的方向秩序排列可形成线的感觉，点在一定面积上可聚集和联合与外轮廓构成面的感觉，如图 1-2-3 和图 1-2-4 所示。

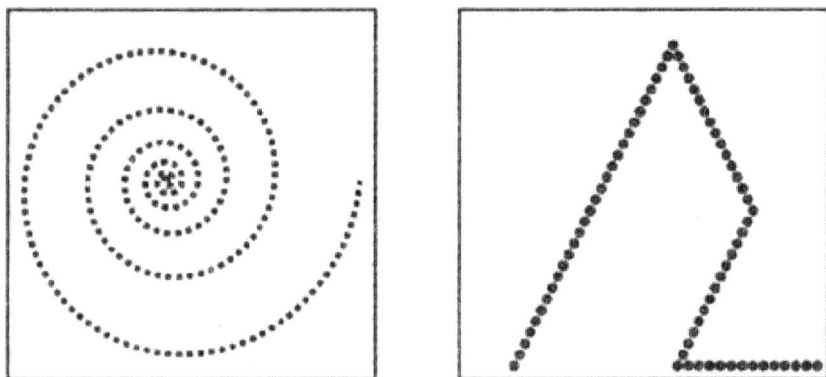

图 1-2-3　点的线化

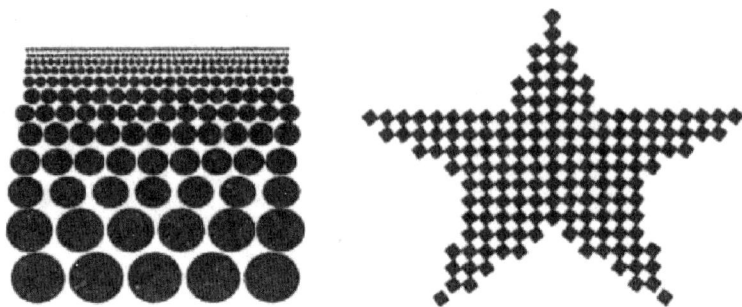

图 1-2-4 点的面化

4.点在服装中的表现

点在服装中的表现形式十分丰富。可以单个点的形式出现，如拉链头、小的LOGO、小型印花或刺绣图案、小的破洞处理、铆钉等等。也可以多个点的形式出现。以多点的形式出现在服装上的点由于排列形式的不同，有着不同的效果。如手针装饰、拉链齿、纽扣等作为点元素进行构成时，是以线状排列的，而一些小型几何图案、根据花型进行的烫钻、钉珠装饰则是以面状的形式出现的。

单独的点出现在服装中，往往会成为服装上的视觉中心，如胸花、腰扣等。这时，点的位置十分重要，它将决定服装的重点部位，也是观赏者注意的焦点所在。当多个点出现在服装上时，以线的形式排列的点更多地会表现出线的视觉效果，如直线效果、曲线效果等等；以散点形式出现的点则会表现出面的效果。

（二）线

线是人类用以描绘事物最常用的造型元素。原始壁画无一不是以线进行表现的，它最活跃，最富有个性，也最易于变化。

1.线的概念

《中国大百科全书》对线的定义为：线（line），美术作品的重要表现因素。从几何学视角看，点延伸就形成了线，朝着固定的方向延伸所形成的就是直线，变化方向延伸所形成的就是曲线。服装设计师在绘图中常以线描绘出物体的形态和态势。

线是点移动的轨迹，是由运动产生的。在二维空间中，线是极薄的平面相互接触的结果，是面的边界线。在三维空间中，线是形体的外轮廓线和标明内结构的结构线。从设计学上讲，线具有位置、长度、粗细（宽度）、浓度、方向等性质，线由于面积、浓淡和方向的不同可被用作各种视觉表现。线具有卓越的造型能力。线的聚集构成面，封闭的线构成面。

2. 线的种类

线从性质上可被分为直线和曲线，从形态上可被分为几何曲线与自由曲线。直线主要包括水平线、垂直线与对角线，其他任何直线都是这三种类型的变化形式；曲线包括波浪线、螺旋线等。（图 1-2-5）

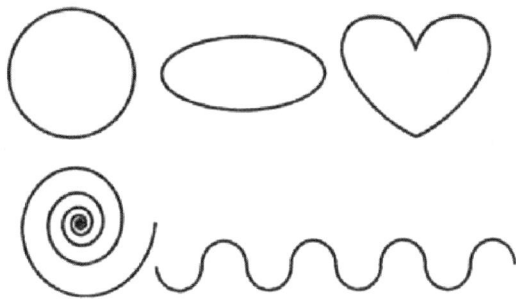

图 1-2-5　线的种类

3. 线的表情

一般而言，几何形线具有单纯直率、有序稳定的特点，自由形线具备自由放松、无序而富有个性的特点。粗线具有力度，可起强调的作用；细线则精致、细腻、婉约。

（1）直线

直线富有力量感，简洁、明快、直率，服装设计师通过直线的张力和方向性可表现服装造型。

①水平线

水平线是线的形态中最直接、最简洁的，沿水平方向延伸，可给人平静、稳定、柔和、理性之感，同时带有一丝冷峻感。

②垂直线

垂直线与水平线完全相反，是一种"沉默的线条"，可给人庄重、攀升之感，有着无限的发展可能，能给人带来一丝温暖。

③对角线

对角线由中分上述两条线得来，它通过画面的中心，可在倾斜的方向产生强烈的内在张力，充满运动感。它敏感、善变但又具备原则性。

④任意直线

任意直线或多或少地偏离对角线，往往经过画面中心，或许更加自由。它给人的感受与对角线相似，但是非常不稳定，不具备原则性。

⑤折线或锯齿形线

折线或锯齿形线是直线在两种或两种以上的力的作用下形成的形态，有着焦急、慌张、不安定的感情性格。

（2）曲线

曲线可给人柔和、温暖、圆润、妩媚、弹性等感受，不像直线那样具有极大的冲击性，但充满韧性和成熟之美。

①规则曲线

规则曲线也叫作几何曲线，能够给人规律、严谨之感，包含圆形、椭圆形、心形等，它们属于封闭的几何曲线，还包括抛物线、规则波状线、涡状线等开放的几何曲线。规则曲线的整齐、端正及对称性使它具有秩序的美感。

②自由曲线

自由曲线是用绘图仪器制作不出来的、徒手画的自由之线。自由曲线具有自由、奔放、伸展之感，蕴含着优雅、柔和、温软的阴柔之美和女性情调，流畅的线条充满表达的欲望和视觉的魅力。19世纪末处于艺术综合时期的"新艺术运动"所流露的特征恰是以运动感线条为审美基础，这种美学曾风靡一时。巴黎地铁入口系统的设计就是在这种艺术氛围下诞生的，时至今日仍然作为"新艺术运动"的典型作品，被视为巴黎的一处著名景观。

4.线在服装中的表现

线在服装中是必然存在的，一件服装可能没有点的构成，但必定有线的构成。首先，服装的分割线就是不可缺少的线的构成；其次，服装的外轮廓也是线的表现；再次，服装的内部结构也或多或少存在线的构成，如省道、口袋、褶裥等；最后，还有一些以线的形式出现的装饰，如狭窄的花边、车缝线迹、流苏等。深受服装设计师们喜爱的条纹图案也是线的表现。

线将粗细、长短、方圆、松紧、连断、主从、藏露、刚柔、敛放、动静等对立的审美属性统一于广阔的审美领域，可在相互对立、相互排斥又相互依存、相互联系中呈现线条的和谐之美。恰当地运用几何形线和自由形线可构成线的形式美感。

线在服装中的表现受到线形的直接影响，不同的线形会使服装形成不同的风格倾向，如在服装中应用直线，其风格会倾向于成熟、精干、庄重、稳重、严正、中性化；在服装中应用曲线，其风格会倾向于浪漫、温和、柔美、可爱、娇媚、女性化。一件服装只改变线形有时候会引起其整体面貌和风格的变化。所以，服装设计师在应用线形时，应当充分考虑服装的风格特点。

（三）面

作为表现服装造型的根本要素，面具有不可缺少、无可替代的重要性。服装设计师不管是在塑造抽象造型还是在塑造具象造型时，都要合理地应用面。

1.面的概念

面由线移动形成，也叫作形，方形由直线平行移动而成，圆形由直线以圆心为中心回转移动而成，不规则形由直线和弧线结合移动而成。此外，面的形成也与点有关，点大量密集排布或者扩大可以形成面。在二维空间中，相比点和线，面的造型更加稳定和单纯。

2.面的种类

面的种类按照形态的不同可被分为三类：无机形、有机形、偶然形。无机形就是几何形，为直线或曲线或两者结合运动而形成，如图 1-2-6 所示，其蕴含了几何学原理，简洁、直接、明快，可给人秩序感和机械感，有冷感性格、理性特征。有机形涵盖了所有无法通过数学方法求得的有机体的形态，不符合数学法则，但是富有自然发展的特点，也具有规律性，能使人感受到生命的韵律和自然的纯洁、质朴，如花瓣、湖面等的形状就是有机形。偶然形指的是自然或人为的偶然形成的形态，如倾倒的水杯留下的水迹、蛇在地面行走的痕迹等等，这些形态都是无法控制、偶然形成的，十分生动有趣，不可重复。

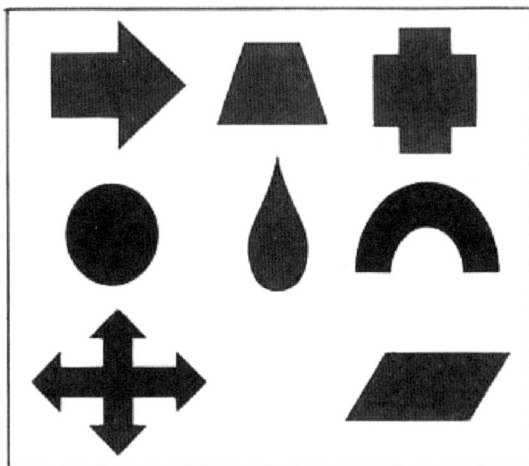

图 1-2-6　无机形

3. 面的表情

不同形态的面给人的感觉不同。相比点和线，面的表情更加丰富多彩。在服装造型设计中，设计师可以利用面的形状、虚实、大小、位置、色彩、肌理等变化表现不同的造型，形成多元化的视觉感受。面可直接体现服装造型的风格。面的情感与表现手法有关：轮廓轻淡，就比使用硬边显得更为柔弱；正圆形可给人完美、柔和的感受；椭圆形具有动态变化感，可给人整齐而自由的感受；方形可给人严谨感、规则感，同时也容易表现得僵硬、呆板、乏味；三角形可给人刺激感，鲜明、醒目；有机形面在心理上能让人产生典雅、柔软、有魅力和具有人情味等感受。

4. 面在服装中的表现

面是构成服装不可缺少的。即使极少数的服装单纯以线构成，也会有相应的面存在，这个面或者是较小的面积，如比基尼泳装，或者是以线的密集排列形成面的视觉效果。现代服装中人体的某些局部是必须被覆盖的，这决定了面在服装中存在的必然性。绝大部分的服装是由服装材料构成的，这些材料的本身都是以面的形式出现的，每个裁片就是一个面的构成。除裁片之外，面还可以图案形式出现，如大型团花、补子等。以大块面镶色形式出现的服装对面的形式表现力更强。以面为主要表现形式的服装具有很强的整体感。

（四）体

与前几种形态相比，体更为厚重、结实，更为踏实可信，也更有力度。人体是自然界中最美的有机体，有着流畅、生动、自然的曲线和平滑、完美、柔和的曲面，富有生命力、活力和弹性。

1. 体的概念

体由面重叠或者移动轨迹构成，具有长、宽、高三维特性和空间感、立体感、量感。封闭的形体可使人感到稳定，具有重量感和浑厚感。块状体就像人的肌肉一样具有很强的力量感。

2. 体的种类

根据构成方式，体可以被分为五个种类，分别是单体、组合体、直面体、曲面体和有机体。其中，单体指的是基本的几何体，如圆柱、圆锥、立方体、方柱体、方锥体等；组合体由两个或以上单体组合构成；直面体由直平面表面构成，或者主要由直面、直线构成；曲面体由几何曲面体和自由曲面体组合构成，如圆柱体、圆锥体、圆球体和椭圆体等都属于曲面体；有机体指的是物体在外部自然力和内部抵抗力的抗衡下形成的形体。

3. 体的表情

不同的体能给人不同的感觉、感受。

几何直面体能给人稳定、庄严、沉稳、大方、精干、简洁之感。其中，正方体和长方体棱角分明而不尖锐、形态厚实，具有稳重、质朴、实在、正直、规范等特点；锥形体有着醒目的尖角，十分与众不同，能给人进攻性和危险感，有力度，先锋性的服装设计往往会应用锥形体。

几何曲面体由平面与曲面或全部由曲面围成，具有强烈的秩序感和规则感，可以给人带来理智、优雅、端正、庄重、严正、明快等感觉。其中球体饱满、圆润、完整，可使人联想到新生、美满、传统等；椭圆体则能在规范中给人自由之感，象征着科技、生命、宇宙、未来等等。柱体等自由曲面构成的造型一般是对称的，具有规则感，同时曲线可给人变化感和自由感，因此，这些体往往使人感到凝重、庄严、优雅，而又活泼、自由。

有机体层次丰富，有显著的流动性，富有弹性，并且饱满、圆润、柔和、平滑、流畅，可给人质朴、真实和自然的感觉。

4.体在服装中的表现

服装是供人穿着的，其造型本来就是三维的体。从服装的整体造型来看，传统的婚纱、先锋的概念服装和个性化服装等体感强烈，有膨胀、突兀感。从服装的局部造型来看，附加在服装基本形体之外的部件往往体感较强，如外翻的领子、层层叠叠的花边、泡泡袖、羊腿袖、立体的口袋，以及服装上的立体装饰物等等。

不同种类的体在服装造型中的表现效果不同，一般而言，服装造型若为几何多面体，会有厚重、踏实、稳定之感，富有建筑感和雕塑感；服装造型若为曲面体，则会显得流畅、饱满、弹性、柔和、圆润、从而富有层次感。

体的应用使服装从不同的角度观赏有着完全不同的视觉感受，这种感受强于以面或线为主要表现形式的服装。一些以强烈个性著称的设计师，其作品往往具有强烈的体的特征。

（五）肌理

肌理指的是形体表面纹理特征给人的感受，它与形体密切相关，同样在服装设计中十分重要，合理地应用肌理可以赋予服装别样的魅力。

1.肌理的概念

肌理指的是人对于物体表面的组织纹理变化结构的视觉感受和心理感受，与"质感"含义接近但不相同。肌理可以被分为视觉肌理和触觉肌理两大类，前者指的是物体表面引发的视觉触感，后者指的是物体表面组织构造引发的触觉质感。在服装设计中，若只是用一种材料，则肌理没有变化，服装就具备统一、协调、整体感。若是使用不同的材料，则要注意控制材料的对比变化，避免服装肌理给人失衡的感觉。

2.肌理的种类

肌理的种类包含视觉肌理和触觉肌理两种，前者可以通过眼睛看到，由形状、色彩等构成，服装设计师可以通过多元化的表现手法和服装材料来塑造服装的视觉肌理；后者则可以通过手的触觉感知，或凹凸起伏或平滑，有时也可以被看到。

3.肌理的表情

肌理的效果包括形状效果、触感效果和光感效果，其中形状效果以情态变化为主，如重复、渐变、相似等效果；触感效果以触觉感受为主，如粗糙、光滑等效果；光感效果主要体现为光泽度，光泽度是一种视觉属性，体现了材料表面对光的反射情况，一般来说，平滑、光泽度好的肌理，会给人轻快、活泼之感；平滑、光泽度差的肌理，会给人含蓄、安静之感；粗糙、光泽度差的肌理，会给人稳重、质朴、野性之感。

4.肌理在服装中的表现

服装设计师主要可以通过两种方式表现肌理。其一，利用面料自身的肌理效果，面料采用的线和织造工艺不同就会形成不同的肌理效果，如丝绸和棉布的肌理明显不同，服装设计师可以直接利用成品面料的这种肌理；此外，他们还可以按照自己想要的效果来加工成品面料，从而改变其肌理，如可以采取压皱、烫印、粘合等处理，这样可以展现出设计师本人的设计风格。其二，在服装表面局部的面料进行再造，同样可以使之表现出不同的肌理效果。

二、色彩要素

设计领域有一句行话"远看色彩近看花"，指的是从远处最先看到的是物体的色彩，到了近处才能看到其种种细节，这反映了色彩的重要性。合理的色彩设计能够达到"先声夺人"的效果。

（一）色彩的概念与种类

色彩是人们通过眼、脑和生活经验产生的对光的视觉效应。人眼所见的光线由电磁波产生，电磁波的频率不同，所表现的色彩也就不同。人对色彩的辨认是受电磁波辐射刺激后视觉神经所产生的一种感觉。人们通过眼睛感知色彩。物体经光的照射可对光产生吸收及反射现象。被物体反射出来的光通过人体的眼角膜、水晶体、玻璃体进入视网膜，再通过视神经传递到大脑的视觉区，人体从而获得色彩信息。

1. 无彩色与有彩色

色彩可以被分为两种，即无彩色和有彩色，前者也叫作中性色，是只有明度，没有色相和纯度的色彩，如黑、白、灰；后者的数量远远超出前者，光谱色数量超过 200 种，这些色彩由于明暗变化又可形成 500 多种色彩，而由于鲜艳程度的不同又可形成 170 种，综合种种因素，人眼可识别的色彩数量有 750 万种。

2. 色光色与物体色

太阳光照射到空气中的水滴之后形成的彩虹包含赤、橙、黄、绿、青、蓝、紫七种色彩。科学家以三棱镜将阳光折射到白色屏幕上，也可形成这七种色彩，这就是光谱色，也叫作色光色。而物体色指的是物体反射光线形成的色彩，如阳光下我们看到的山川花木和种种人造物品的颜色。这两种色彩性质不同，前者更加强烈、刺激、耀眼，后者取决于物体的材质和质地，有鲜艳的、浊暗的或者透明的与不透明等不同的视觉效果。

3. 反射色光与穿透色光

不透明物体如丝绸、棉布等在阳光的照射下会反射与其本身色彩相同的色彩，吸收不同的色彩。人眼所见到的这些物体的色彩就是反射光色。而玻璃、胶卷、塑料薄膜等透明物体的色彩则相反，并非所反射的光色，而是所透过的光色，也就是穿透色光。

4. 混色

不同色光色形成的混色不同，所混合的色光色数量越多，形成的混色越亮，七种色光色混合的混色为白色。物体色则相反，不同的物体色混合形成的混色往往与黑色接近。所以，色光色混合叫作"加色混合"，物体色混合叫作"减色混合"。当不同色彩的色点、色块并列在一起，人的视觉会自动将之混合在一起形成混色，如织物经、纬线的混色，这样形成的混色明暗度没有变化，叫作"并置混合"或"空间混合"。

5. 三原色

"三原色"是色彩中不能再分解的、以其他色彩混合不出的色彩，并且它们以不同的比例混合可以形成任何色彩。三原色可以被分为色光三原色和色料三原色，前者为红、绿、蓝，等比例混合后可形成白色；后者为红紫（品红）、黄、绿蓝，等比例混合后可形成黑色。

6. 补色

可以混合成灰色的颜料色之间，可以混合成白色的色光色之间互为补色，属于物理补色关系。互为补色的色彩在色相环中处于正相对的位置，为180°角。按照这种将补色放在正相对的位置的方式配置形成的色相环叫作物理补色色相环。

（二）色彩的属性

色相是指色彩的相貌，是人们区分不同色彩的最准确的标准。明度是表示色彩的明暗程度的属性。纯度是表示色彩的纯净或鲜艳程度的属性，也叫作彩度或饱和度。上述三者是色彩最基本的三个属性。

1. 色相

色相由波长决定，指色彩所呈现出来的质的面貌，最初的基本色相为红、橙、黄、绿、蓝、紫。不同色相根据波长的顺序排列成环状，并且使对比色两两相对，这样形成的圆环就是色相环。

2. 明度

物体色的明度取决于其中白色的量，白色的量越多，物体色的明度就越高，反之则越暗。色光色的明度由色光的多少及所含波长强度是否均等所决定。白色是明度最高的无彩色，黑色是明度最低的无彩色，按照从白到黑逐渐过渡的顺序将所有的无彩色排列在一起就形成了"明度阶调"，我们也可以称之为"灰色测试卡"。

3. 纯度

色彩的纯度取决于含有色成分的比例，色彩中所含的有色成分的比例越大，其纯度就越高，反之就越低。纯度最高的色彩为可见光谱的各种单色光，这就是极限纯度。当某一色彩与黑色、白色或者其他彩色混合时，其纯度就随之变化；当所混合的黑色、白色或者其他彩色的比例到达一定比例时，肉眼看到的色彩就完全变成了所混入色彩的颜色。如将黄色与大量的红色混合，当红色到达很大比例，原本的黄色在人眼中就变成了红色。不过这并不是指混合后的色彩中已经没有黄色了，而是由于混入的红色比例过大，而同化了原本的黄色，肉眼已经无法感觉到黄色了。

有色物体色彩的纯度会受其表面组织结构的影响。一个表面粗糙的物体，如砖块、沥青、沙地等，其表面对光线的反射率低，会降低色彩的纯度；而一个表面光滑的物体，如瓷器、银器、镀金制品等，对光线的反射率高，会使色彩的纯度更高、更加鲜艳。

服装设计师要想应用好色彩，就必须了解色彩的上述基本属性，这样才能使服装表现出自己想要的效果。

（三）色彩体系

色彩体系是人们为了系统地把握色彩的整体特性而建立的。常用的有"蒙赛尔色彩体系""奥斯特瓦尔德色彩体系""日本色研配色体系（P·c·c·S）"等。

1. 蒙赛尔色彩体系（Munsell Color System）

美国色彩学家蒙赛尔（Albert H.Munsell）于 1905 年发表的色彩体系被称为蒙赛尔色彩体系，其后经美国光学学会（O.S.A）进一步改进完善为"蒙赛尔体系修订版"。其最大特点是能用数字和记号正确表示色彩三属性。色相用 H（hue）表示，明度用 V（value）表示，纯度用 C（chroma）表示，各色的表示方法是用色相·明度/纯度（H·V/C）表示。有彩色如红色的纯色表示为"SR·4/14"，无彩色（neutral）则用打头字母"N"加阶段级数来表示，如"N7""N8"等。

2. 奥斯特瓦尔德色彩体系（Ostwald Color System）

德国化学家奥斯特瓦尔德（Wilhelm Ostwald，1909 年诺贝尔化学奖获得者）于 1921 年发表的色彩体系被称为奥斯特瓦尔德色彩体系。其最大特点是容易计算出色彩的混合比，即纯色量的计算。各色的表述方法是"色相号/含白色量号/含黑色量号"。如焦茶色表示"5PL"，其含义是色相号是 5，白色量为3.5，黑色量为 91.0，纯色量为 5.4（查奥斯特瓦尔德色相环可得出各项含量）。色立体形如两个正圆锥体的组合构成，断面是以黑色、白色、纯色为顶点的三角形。

3. 日本色研配色体系（Practical Color Coordinate System）

日本色研配色体系为日本色彩研究所于 1964 年所发表，它整合了上述两个色彩体系的优点，作为根据系统色名与色调进行调和配色的配色工具被广泛应用于各领域。各色的表述方法为"色相号或色相记号 – 明度 – 纯度",如纯黄表示为"8Y–8.0–95"。

（四）色彩形象

受色彩表情或色彩本身的启发产生联想是每个人生活中经常遇到的事。如白色服装可给人清爽感,红色可给人热情感等。

1. 色彩的共感觉

共感觉属于心理学概念,指的是一种感觉引发其他感觉的共鸣的现象,而人基于色彩形成的色视觉,能够引发味觉、嗅觉等的共鸣,这就是色彩的共感觉。主要分为色听、色味、色香三类。色听指的是人听到一定的声音并由此联想到一定的色彩的现象,不同的人对于色听的反应有很大差别,有的反应强烈,有的无动于衷。色味（色彩与味觉的联系）即将一定的味道和一定的颜色联想到一起的现象,一般而言,人们会将甜味与粉色、奶油色联想到一起,将辣味与红色联想到一起,将酸味与黄色联想到一起,将咸味与银色联想到一起,将苦味与浓绿色联想到一起,将涩味与褐色联想到一起。色香（色彩与香味的联系）即闻到一定的香味,联想到某种色彩的现象如天芥菜花香可给人薄红色感,薰衣草香可给人淡黄色感等色香联想。实际上天芥菜花为淡紫色,薰衣草花为淡紫藤色。

2. 色彩的知觉感情

人们对于不同的色彩会产生不同的类似于知觉的感受,这就是色彩的知觉感情,主要包括色彩的轻重感、软硬感、强弱感、冷暖感。

色彩的轻重感:人们对于不同的色彩会产生不同的轻重感,如对于红色、黑色会感到沉重,对于白色、淡黄色会感到轻盈。这种轻重感取决于色彩明度的高低。

色彩的软硬感:人们对于不同的色彩会产生不同的软硬感,一般而言,高明度、低纯度的暖色系色彩会给人柔软的感觉,中明度以下的暗色,以及高纯度色、冷色系色彩会给人坚硬的感觉。

色彩的强弱感：人们对于不同的色彩会产生不同的强弱感，一般而言，色彩的强弱感主要与色彩纯度的高低有关，高纯度色彩属于强色，低纯度色彩属于弱色。

色彩的冷暖感：不同的色彩会使人产生不同的冷暖感，一般而言，红色系色彩会使人感到温暖、热烈、兴奋，蓝色系色彩会使人感到凉爽、冰冷、冷静。

3. 季节与色彩

人们往往用不同的色调象征不同的季节。明亮的浊色调象征春天，如明亮灰色调、浅淡色调、淡明色调等。个性明朗强烈的色调多用于象征夏天，如极强色调、深浓色调、鲜明色调等。迟钝色调与深浓色调等有深度而又能让人产生丰富联想的象征秋季。有温暖感的稳重色调是冬天的主色调，如深暗色调、深浓色调等。

三、材质要素

材质是服装设计不可忽视的要素，不同材质给人的感觉不同，服装设计师必须以合适的材质来表现设计构思。有时服装设计师并非先有灵感，再根据灵感确定材质，而是看到材质后才产生设计灵感。

服装材质大致可以被分成两类，即服装面料和服装辅料，服装面料用以构成服装主体，服装辅料则包含服装里料与絮填料、服装用衬与垫、服装紧固材料与其他辅料，即服装面料之外的其他材料。

（一）服装面料

服装面料根据原料的不同可以被分为：棉型织物、麻型织物、丝型织物、毛型织物、化纤织物、皮革、裘皮、人造毛皮、人造革、合成革、新型面料及特种面料。织物即以纤维或者纱线所制的纺织物，主要有三类，即梭织物、针织物和无纺织物。服装设计师在设计过程中非常重视服装面料，尤其是其手感、外观和塑型性。

（二）服装里料与絮填料

服装里料也叫作里子或夹里，是服装最里层的材料，但是并非所有服装都使用里料，主要用于弥补面料的功能缺失，以保证服装的功能完备，如设计师在面料不亲肤、微透的情况下会使用里料。服装絮填料即面料和里料之间的材料，如棉花、羽绒等，主要用于保暖、降温和满足其他特殊需求，如防辐射。

（三）服装用衬与垫

服装用衬与垫都是为了优化服装的造型，修饰、衬托穿着者的形体。

1. 服装衬料

服装衬料简称"衬"，也叫作衣衬，它与絮填料一样，位于面料与里料之间，或为单层，或为多层。对于服装而言，衬料就像骨骼一样发挥着支撑作用。根据使用对象，服装衬料包括衬衣衬、外衣衬、裘皮衬、丝绸衬和绣花衬等种类；根据使用部位，服装衬料包括衣衬、胸衬、领衬、领底呢、腰衬、折边衬和牵条衬等种类；根据原料，服装衬料包括棉衬、毛衬、化学衬和纸衬等种类。此外，我们还可以根据薄厚、基布、加工方式等进行分类。

2. 服装垫料

服装垫料能够使服装的造型更加挺括、稳定，可弥补人形体的缺陷，一般用于胸、领、肩、膝等部分，包括胸垫、领垫、肩垫、膝垫等。

（四）服装紧固材料与其他辅料

服装紧固材料主要起到连接和开合的作用，包括纽扣、拉链、挂钩等，它们不会对服装整体造型造成破坏，有时还具有一定的装饰效果。其他辅料即上述材料之外的服装材料，在一定程度上可以装饰服装，包括花边、绳、带、搭扣、珠片、尺码带、商标及标牌等。

四、工艺要素

服装工艺指的是将上述服装材料制作成完整的服装的方法，可通过工艺技术手段，将剪裁好的服装裁片加工为服装造型，并通过种种方法还原服装设计图纸，体现总体设计构思，是技术与艺术相统一的过程。服装设计中的工艺要素如下。

（一）基础工艺

基础工艺主要包含三类：手针工艺、机缝工艺、熨烫工艺。只有在这些工艺的基础上，其他工艺才能发挥作用。

1. 手针工艺

手针工艺也就是手缝，即以手工方式缝制服装的技法。手针工艺会留下各种各样的线迹，如一字形、二字形、八字形和各种花形线迹等。不管是设计制作哪一种服装，手针工艺都非常重要。

2. 机缝工艺

机缝工艺指的是通过机器来缝制服装的技法，也叫作缉缝或车缝。机缝工艺包括平缝、搭缝、包缝等，是现代服装生产必不可少的工艺。

3. 熨烫工艺

熨烫工艺指的是根据织物热湿定型原理，采取熨烫工具，通过适合的温度、湿度和压力，使服装表面变得平整，改变织物结构等性质的服装造型方法。最常用的熨烫工艺包括推、归、拔，俗话"三分做，七分烫"就是在说熨烫工艺对于服装制作的重要性。

（二）装饰工艺

装饰工艺主要包括造花、扳网、镶、滚、盘、嵌、绣、编织、编结等，主要是将装饰物与服装造型结合，从而使服装更加美观。在服装设计中，坚持重装饰主义理念，合理地采用多种装饰工艺，能够使服装形态如艺术品一般。

（三）部位工艺

部位工艺指的是制作和加工服装的某个部位的工艺，部位工艺十分丰富多样，涵盖了省缝工艺、底边、贴边工艺（包含底边工艺、贴边工艺）、裁片角工艺、开衩工艺、袖头、腰头工艺、衩、腰带工艺、黏衬工艺、挖扣眼工艺、风帽工艺、装垫肩工艺等。

（四）门襟工艺

门襟工艺即制作门襟的工艺。门襟指的是衣服或裤子、裙子等服装的开襟或开缝、开衩部位，不仅与着装者能否便利穿脱服装有直接关系，还具有分割造型和装饰的作用。常用的门襟配件包括拉链、纽扣、拷钮、暗合扣、搭扣、魔术贴等，门襟工艺要根据设计图纸，结合这些配件来处理。

（五）口袋工艺

口袋工艺即制作口袋的工艺，主要包括贴袋工艺、插袋工艺、挖袋工艺。其中贴袋工艺最为简单，是通过针线将袋布直接缝在服装合适的部位上，不破坏其表面；插袋工艺难度适中，是在服装的拼缝线处制作口袋；挖袋工艺比较麻烦，不仅要破坏服装表面，用剪子制作袋口，还要在内部对应的位置缝制加装袋布。

（六）领子工艺

领子工艺即加工和制作领子的工艺。领子位于脖颈处，影响穿脱，并且可衬托脸部，容易成为视觉焦点。所以，领子工艺的难度相对其他部件的工艺要大。无领服装的领子工艺最简单，只要在领子部分的边缘缝合或者进行一定的装饰，其他连领、装领等工艺相对复杂。

（七）袖子工艺

袖子工艺即加工和制作袖子的工艺，根据制作方法，它包括单做与夹做两种。其工艺种类包括连袖工艺、装袖工艺、插肩袖工艺、冒肩袖工艺、组合袖工艺等，不同结构和造型的袖子所采取的具体工艺方法不同，设计师需要结合实际情况确定工艺流程和缝制方法等。

（八）整件服装缝制工艺

整件服装缝制工艺指的是将袖子、领子等服装部件缝制成一个整体的服装，通常包括高、中、低三个档次，整件服装缝制工艺高档的服装往往造型挺括、穿着得体，整件服装缝制工艺低档的服装往往轻巧、柔软、舒适、便于洗涤。

（九）裤子工艺

裤子工艺即缝制裤子的工艺，结合结构和工艺处理的差异，它包括高、中、低三档。裤子工艺的处理方法需要结合服装的结构和造型使用，而不必遵循传统。

（十）西服工艺

西服是一种国际性的服装款式，既可以作为出席会议、宴会等正式场合的礼服，也可以作为日常穿着的休闲装，前者工艺更加复杂，后者工艺比较简单。传统西服工艺大致包括三类，分别为熨烫塑形工艺，包括归、拔、推等；手针工艺，包括攻、绿、扳、甩、勾等；装饰工艺，包括镶、拼、滚、嵌等。现代西服工艺不再采取手缝，而是改为机缝，不再采用归拔工艺，而是改为结构设计。所以，相比之下，传统西服造型更加挺拔，具有雕塑感，制作起来更加费时费力，现代西服造型则轻、薄、挺、软，制作起来更加简单、快速。

五、结构要素

服装设计师不仅要了解服装结构，还要了解服装的面料与工艺，这样才能够独立完成从款式设计到结构设计再到工艺制作的整个工作。

若想将服装款式图变为真实的服装，必须把握好服装结构这一要素。只有通过分解和设计服装结构，才能够使服装从图纸走进现实。所以，服装设计师必须对服装结构有较深刻的掌握，即使不能独立完成服装结构制图，也要能够清楚准确地绘制服装平面结构图，将服装正面和反面的造型和细节处的结构清楚准确地表现出来，并且做到比例正确、尺寸明确。只有这样，服装设计师才能够为设计构思的实现提供初步保证。

服装设计中的结构要素需要服装设计师具备多方面的知识，如人体解剖学、人体测量学、服装卫生学、服装造型设计学、服装生产工艺学、服装美学等，并且要求服装设计师将艺术与技术、理论与实际进行有机结合，尤其要具备充分的实践能力。在设计服装造型时，服装设计师必须重视服装的结构线条，要结合服装整体外轮廓确定和调整内部的分割线和造型线。一般来说，如果服装的外轮廓线比较硬朗，那么其内部结构分割线也就比较硬朗，多为直线或者折线造型，相反，如果服装的外轮廓比较柔和、贴身，那么其内部结构分割线就多为温柔、浪漫的曲线造型。

局部造型是款式细节设计的一部分，也是局部结构的构成。如领部造型，无论繁复多褶的轮状领型，抑或潇洒飘逸的垂荡领型，都是服装款式与结构的组成部分。同样，服装局部设计要注意与服装整体设计风格吻合，而其结构的拆分解读就需要打板师细细琢磨了。可以说，服装设计师完成的是结构要素应用的第一步，服装打板师完成的则是下一步。

六、配件要素

配件要素涵盖了实用品，如围巾、帽子、手套、鞋袜、包袋、腰带等实用品，以及装饰品如项链、耳环、胸针、头饰、腰饰、腕饰等。这些物品就像"配件"这个名字一样，用于搭配其他要素，处于辅助地位，然而其使用效果不容忽视，能够增强服装的整体性、艺术性、人文性和丰富性。根据服装特点合理地使用配件要素能够显著地美化人的外形，彰显人的品位和性格，强化服装的风格特点，乃至弥补服装的一些不足。配件要素拥有与众不同的艺术语言，可以适应人多样的心理需求。很多时候，缺失了或者选择错配件要素，会破坏人外表的整体性和协调性。以下为服装设计中最常用的配件要素。

（一）鞋

鞋是最不可缺少的一个配件要素，其装饰性和实用性比其他配件更强，并且更能传递着装者的一些信息。很少有服装在没有鞋的搭配和衬托的情况下比有鞋的情况更美观。所以，鞋的设计是服装设计中的重要内容。

（二）包

对于现代人而言，包的作用不仅在于盛放物品，还在于装饰外形、彰显身份和财富、显示地位等等。香奈儿、纪梵希等服装品牌每个季度都会设计和推出新款包，引起人们的热烈追捧。

（三）帽子

帽子是由于人们保暖、遮阳和装饰自己的需求而产生的。帽子一年四季都可以使用，样式丰富，功能多样。

（四）围巾

围巾围在人的脖子和肩部，不仅可以保暖，还可以衬托脸部，具有显著的装饰效果。如今的人们对围巾的使用已经侧重于其装饰功能，而非保暖功能，几乎一年四季都有人用围巾搭配服装。围巾的长度和宽度也在增加，有些可以创意地系扎成抹胸上衣等服装。

（五）腰带

腰带的装饰效果十分显著。相比之下，男士腰带的样式和质地比较单一，主要为皮革或仿皮革，很少有装饰物。女士腰带的样式和质地则十分多样，除了皮革和仿皮革，还有其他纺织品、珍珠链等等。

（六）手套

手套兼具保护手部的作用和装饰作用，其材料多数为棉织物、针织物、皮毛等，按照不同的造型包括短筒、中筒和长筒，并且其装饰方法多样，有镂空、花边、刺绣、镶拼、钉珠等。在婚礼、葬礼、宴会等场合，女士手套的形式更加多样和常用。

（七）袜子

在服装设计和搭配中，袜子的重要性越发突显，在保暖功用之外具有强烈的装饰作用。近年来，服装设计师在袜子设计上可以说是花样百出，采用了各种造型、色彩和质地，通过与服装的搭配，形成了独特的时尚感。袜子可以修饰腿型，与鞋和下装可以搭配出多种效果。

（八）首饰

在各类配件要素中，首饰的实用性最弱，而装饰性最强。早在原始社会，人们就已经佩戴首饰，随着社会发展，首饰也更加多样，除了耳环、发簪、发卡、手镯、手链、戒指，还包括胸针、挂链、脚镯、脚链等。首饰潮流也越发多元化：艺术感更强、与高新科技结合、越发系列化和整体化等。

第三节　服装设计的作用

立足于消费者的视角，服装设计的作用在于满足人们美化自身外形的需求，帮助人们塑造形象。立足于服装设计师的视角，服装设计的作用在于传达其设计理念，实现其个人价值，开创个人事业。立足于服装企业的视角，服装设计的作用在于创造更多的经济效益。立足于社会的视角，服装设计的作用在于能为人们带来流行感与美感。

一、为着装者进行形象塑造

美是人类永恒的追求，这种追求不仅体现在人们对美丽的风景、画作等外物的喜爱，还体现在人们对自身形象的美化和装扮上。如今社会发展加快，尤其在经济方面发展良好，人们这种对自身形象美的追求更加强烈。从马斯洛需求层次理论出发，人们的物质需求得到满足之后，会更加重视精神需求，生活内容会更加丰富多彩，生活方式也会变化，娱乐、运动等精神文化活动会像工作一样成为生活的重要部分。工作场合需要比较正式的服装，运动场合需要宽松、舒适的服装，娱乐场合需要休闲美丽的服装，人们对服装的需求越发多样，服装市场也进一步细分，服装种类也更加丰富，以满足人们塑造自身形象的需求。

面对消费者需求的多元化发展趋势，服装设计师必须探索新的设计方向，研究新的设计课题。他们应当进行细致的市场调查，了解目标消费者各方面的情况，如目标消费者的身材如何、工作环境如何、采取怎样的消费方式、进行怎样的休闲活动、喜欢哪种服装风格和色调、希望塑造怎样的形象等等，只有在全面细致地掌握目标消费者的信息和心理需求的前提下，服装设计师才能够设计出满足消费者需求、契合消费者审美的服装。

服装设计师通过自己的工作即服装设计，为大众服务，使人们可以得到自己喜爱的美丽服装，从而满足人们对自身形象美的追求。由此而言，在现代生活环境中，服装设计的一大作用在于满足着装者装扮自身、塑造形象的需求，以帮助他们提升自信，使其更好地进行社会活动，融入社会。

二、为设计师实现个人价值

在大众眼中，服装设计师是一个光鲜亮丽的职业，每个从事服装设计的人都梦想着成为世界知名的服装设计师，创造自己的时尚品牌。而光鲜亮丽的背后是无数汗水，为了实现自身梦想，设计师需要花费大量的时间，付出无数的努力。很多人认为服装设计师只需要在明亮干净的工作室构思、绘图，实际上这只是服装设计工作的一小部分，他们需要将更多的时间花费在其他工作内容上，如奔赴面料、辅料市场，反复对比挑选合适的面料、辅料；在印花工厂、加工车间反复沟通，确定自己需要的效果；在服装发布会、展销会指导场地布置，以最大限度地展现服装的美。此外，结构室、样衣间、广告拍摄间、专卖店等场所，也都是他们的工作场地，服装设计师的工作并非一般人想象中那样轻松和优雅。

那么为什么仍然有大量的学生选择服装设计学科，毕业生选择从事服装设计行业呢？其原因在于，服装设计师在付出汗水的同时，也在不断得到收获，甚至实现自己的个人价值和梦想。当看到自己设计的服装挂在专卖店被消费者喜爱和购买时，看到模特穿着自己设计的服装在服装发布会乃至国际时装周的 T 台上展示时，看到自己设计的服装被刊登在知名的时尚杂志中时，服装设计师内心会升腾起巨大的满足感和成就感，感到一切辛苦都值得，并且更加激情地进行新的设计工作。正是由于存在这种光鲜亮丽与辛勤付出相交织、充满竞争挑战与鲜花掌声的特质，才有一批又一批怀揣着梦想的年轻人投身服装设计行业。

三、为企业创造经济效益

如今，中国现代服装款式多样、色彩丰富，不管是男人、女人、儿童、老年人等不同人群，抑或运动、宴会、工作等不同场合，都有合适的服装，整体呈现出百花齐放的特征，这与社会整体经济的发展紧密相关。服装市场门槛低，不需要大量投资，就能快速获得利益，因而，大量的人和资本涌入，出现了大量的服装企业，随之而来的还有激烈的竞争。每个服装企业都在思考如何在竞争中脱颖而出，争取最大利润，其中一个答案就在服装设计之中。

新颖独特、契合消费者审美的服装设计是服装企业在竞争中胜出的一个决定性因素。服装设计师创造性地运用各种材料、色彩、款式等，设计出美观、独特的服装，不仅能满足消费者的需求，同时也可创造经济效益，使企业获得大量的利润。换一个角度看，经济飞速发展，人们收入水平不断提升，高消费阶层不断壮大，他们追求着更加优质的生活，其交际空间不断扩大，对服装的要求越来越高，需要高级昂贵的服装彰显自己的身份，这为服装企业的发展创造了良好的商业机遇。

在服装设计中融入高科技含量、提高设计中的文化内涵，可为满足消费者的这些精神需求、提高产品附加值提供保障，这是经济发展为服装设计提供的新契机。

四、为社会带来流行与美

流行是在一定的历史时期、一定数量范围的人受某种意识的驱使，以模仿为媒介而普遍采用某种生活行动、生活方式或产生某种观念意识时所形成的社会现象。在商品社会中，流行总是被赋予在人们生活所需的产品之上。

服装作为人类生活必不可少的消费品，与流行有着密不可分的关系。许多流行的内容，如社会的变革、思想观念的冲突变化、重大事件的发生等都会对服装产生重大影响。因此，服装常常被当作流行的载体，包含丰富、深刻的文化心理内涵。一个社会的政治变革、经济水平、文化思潮乃至自然灾害、战争摧残等突发事件都可在这个时代的服装上留下影子。同时，服装与人关系密切，可与人的表情、装束浑然一体，既易于变化，又富于表现，因而它成为人类表达流行、传播流行信息的最佳载体。

在流行的影响下，现代社会已形成一个以服装为龙头的时尚产业，为企业家和销售商们带来了无限商机，为设计师们提供了展现才华魅力的舞台，也为社会带来了丰富多样的服装服饰品。因此，服装设计离不开流行的渗入，服装设计师的创作离不开对流行的把握，反之，服装设计也为社会创造了众多的流行，服装设计们用独特的设计语言，通过服装服饰为普罗大众演绎了流行、创造了美。

第四节 服装设计的原则和要求

一、服装设计的原则

不管是为了表现人体体态而进行的服装设计，还是为了修饰人体体态而进行的服装设计，都是为了追求美观新颖的视觉形象。然而服装设计归根结底还是一种实用性的设计，服装设计师不能仅追求视觉上的美，与此同时还要满足功能性、舒适性等需求，只有将这两个方面相结合，服装设计师才能够设计出受穿着者认可和喜爱的服装产品。

（一）机能性原则

人们穿着服装不是像模特那样通过行走和静态造型展现服装之美，而是要进行各种各样的活动，如坐卧、抬举胳膊等等，服装要服务于人们的身体活动。若是仅关注某种静态美，而不关注实用性，这样的服装设计不会得到大众认可和接受，即使在一定范围的人群中流行一时，它也会很快被抛弃。如20世纪初期流行的霍布尔裙过分收紧裙子下摆以凸显女性腰臀的曲线美，而导致穿着者无法正常行走；又如洛可可时期流行的巨大裙撑使穿着者无法正常坐下；欧洲曾经流行的极端束腰服装展现了腰部曲线美，但它导致穿着者身体变形，乃至影响寿命。这些违背了机动性原则的服装都无法适应现代人的生活需求，已经被现代社会所抛弃。

（二）流行性原则

服装设计的一个核心在于服装在空间的整体轮廓及内部的构成形态。不同时期的造型会随着流行的改变而有所改变，通常二十年一轮回，重新流行的造型大致相同，仅在细节上稍有变化。服装设计师要敏锐地感知流行元素并加以细致分析，据此推测未来的流行趋势，乃至以自己的设计引导未来的流行趋势。服装的流行元素往往与社会热门话题有着紧密的关系，不同的流行思潮催生了不同的服装风格。

（三）材料性原则

服装设计以面料为物质基础。和其他产品设计一样，服装设计师也是先确定设计方案，再准备材料，并采取一定的工艺技术对材料进行加工，从而将设计构思转变为具体可感的设计产品。在这一过程中，包括面料在内的材料是不可缺少的要素，对于服装设计而言，就像画布和颜料之于绘画、乐谱之于作曲、纸笔之于写作一样，是最基本的，承载着服装设计师的所有构思。只有在材料这一物质基础之上，服装设计师才能够实现服装设计，才能够产出具体的服装产品，否则服装设计只能停留于构思阶段。

（四）制作性原则

服装设计的构思环节和制作环节之间不是互相孤立和截然分开的。服装设计师的设计构思与实际制作的实际服装之间通常存在一定的差异，服装制作往往会受限于客观条件，而设计构思则是可以是天马行空、无所限制的，所以服装设计师在构思环节应当尽可能考虑制作环节的种种情况，以使自己制作出的服装能够最大程度还原设计构思。设计师应当全面周密地考虑服装的种种细节和制作效果如服装的造型、色彩、材料，考虑设计构思能否通过制作转化为实际，并且要在制作环节不断调整构思，完善设计方案。同时，在解决实际制作与设计构思不符的问题时，设计师往往能够获得新的灵感，从而优化设计。由此而言，制作过程也可以被视为一个再设计的过程。

（五）经济性原则

如今，服饰不单纯是遮蔽身体、防暑保暖的工具，更是经济和文明发展程度的标志。社会生产力的发展必然会带动经济的发展，经济不仅是政治的基础，也是服装消费和流行的前提。社会经济发展情况对于服装消费倾向和流行趋势有着直接的影响，经济学家发现社会经济状况与裙长短成反比。消费者的消费意愿和能力会受到经济条件的限制，消费者的消费行为影响着服装的流行，同时也反映着国家的经济实力。由此可见，服装流行现象和国家经济发展水平、国民收入情况之间存在着内在的必然联系。

（六）审美性原则

这一原则指的是服装设计不仅要追求服装的功能性，还要追求服装的形式美。所谓审美性指的是服装设计产品所具有的可观赏性。实际上，服装设计不仅是一种创意活动，还是一种审美活动。在这一活动中，设计师与消费者为审美主体，服装是被欣赏的对象，也就是审美客体。设计师和消费者（审美主体）可以通过服装（审美客体）直观自身，获得精神满足，产生愉悦感。和绘画、音乐等艺术一样，服装设计也要通过展示才能实现审美目标。服装设计不能一味地向大众审美靠拢，还要体现设计师的审美观念和思考，以更高的维度，为消费者提供新鲜的乃至超前的美的信息，引导大众对服装进行审美。服装设计必须具有一定的创新性和超前性，这样方可激活消费者潜在的审美诉求，唤起他们对美的向往和追求。

（七）舒适性原则

随着现代社会的不断发展，人们的生活节奏越来越快，在钢筋水泥的城市生活之中，人们越来越渴望自然，希望过上一种身心和谐、舒适健康、以人为本、贴近自然的生活。作为生活必需品，服装不应该使人感到束缚，而应当使人感到舒适。所以，不管流行趋势如何，带给人身体上的轻松和愉悦已经成为当今服装设计的一个重要原则。服装设计要坚持舒适性原则，贯彻以人为本理念，要使穿着者感到舒适，而不是被压迫和被捆绑。

二、服装设计的要求

所有的设计工作都要满足一定的要求，服装设计也是如此。现代服装设计必须做到以人为本，服务于人的需求。一个好的产品设计应当是工业、商业、科学和艺术高度一体化的，所以服装设计也要满足与此相关的要求。总体而言，服装设计的要求主要包含三个方面：以人体为设计的出发点、以流行为设计的参照系、以社会为设计的评判者。

（一）以人体为设计的出发点

与室内设计、广告设计、工业设计等不同，服装设计与人体的联系更加紧密，服装设计师必须以人体为设计的出发点，其设计往往受人体生理结构和造型的约束。

第一，服装设计必须使设计出的服装能够被人体穿着，不然，不论其造型如何优美新颖、色彩如何和谐美丽，都不叫服装。这是服装设计与其他设计的重要区别，是服装设计独有的特质。换言之，只有人体上穿着的服装才符合服装设计中的服装概念。

第二，服装设计要适应人的活动需求。人总是要进行各种各样的活动，服装不能束缚人体，阻碍其活动，而不同活动状态对服装提出的要求各不相同，服装设计要以此为出发点。如在宴会、婚礼等对礼仪有较高要求的活动中，人们不能做大幅度的动作，举止要优雅，针对这类活动的服装设计就不必过多考虑服装的机能性；而在旅游、运动等活动中，人们的四肢和躯体运动幅度大，针对这类活动的服装设计要侧重于机能性和舒适性；而在睡眠、休息时，人体要充分放松，针对此类活动的服装设计要宽松，以免影响人体放松。只有适应人的活动需求之后，其他如色彩、装饰等设计才有意义。

人体是世界上最美的有机体，服装设计的任务就是发觉与衬托这种美。人体的美涉及体型、皮肤、五官、头发等多方面。服装设计要考虑的不仅是人体的运动性能，其更深层次的意义在于表现人体本身具有的美。因此，服装设计在造型设计上要考虑着装者的体型胖瘦、身材比例，在面料选择上要考虑着装者的生活，在色彩选择上要考虑着装者肤色、发色，以达到协调的色彩搭配效果。

总而言之，服装设计是综合各方面因素进行考虑的，离不开人体这一基本出发点。因此，服装设计师必须对人体构造了然于心，对目标设计对象的体型体态有着清楚的认识，并始终以此为设计的出发点，一切都围绕人体而展开。只有这样，服装设计才是有源之水、有本之木。

（二）以流行为设计的参照系

流行的内容涉及多个方面，除了服装之外，还有音乐、影视、建筑、运动、生活方式等等。流行在服装领域的表现最为明显，当人们谈到流行，所指向的往往是服装。服装设计师必须具有高度时尚敏锐度，只有跟上甚至预测流行趋势，方可设计出新颖独特、受大众欢迎的服装产品。

服装的流行涉及大量的信息，如面料、色彩、图案、造型等等。但是服装设计师要注意到以流行为设计的参照系，并不意味着要完全跟从流行趋势，什么元素流行就使用什么，而是要在把握流行趋势的同时，彰显品牌和个人的风格特点，找到流行与个性之间的平衡，避免千篇一律或者与流行相反。具体而言，以流行为设计的参照系要注意如下几点。

1. 社会的经济因素

社会经济因素对于服装流行有着直接影响。社会经济发展良好，人们的收入水平高，自然对于服装的需求更大、更多元化，服装设计为了满足消费者需求会不断创新，从而不断创造出新的服装潮流。反过来，社会经济形势差，人们的收入勉强甚至难以满足基本生存需求，自然不会关心服饰打扮，并且服装消费意愿和能力低，服装生产减缓，服装趋势的变化也会变缓。

2. 重大的社会事件

流行是一定历史时期范围内的现象，具有时代性，会受到重大社会事件的影响。从以往的服装潮流发展情况可以发现，重大社会事件很容易引发新的服装流行趋势。如第二次世界大战结束后，人们的生活恢复正常，并且追求和平和自由、解放，这影响了服装设计，当时出现了轻松的休闲装和今天看来仍不失大胆前卫的服装时尚。流行从来不是简单的表面现象，而是有着深刻丰富的文化内涵，可反映一定时代社会的方方面面。

3. 人们的心理变化

人们衣柜中服装更替的速度越来越快，快时尚就是在这种心理需求下诞生的。流行趋势的形成并非无根无据，人们喜新厌旧的审美心理特性是流行得以存在发展的重要心理基础。因此，对于服装设计师，任何脱离社会、抓不住时代流行特征和时代演变的重点、把握不住穿着者需求的、没有个性与特色的设计是难以生存的，也是不容易被大众所接受的。

4. 流行的周期性

反复是一种自然规律，其表现在服装的流行中就是流行的周期性——每隔一定的时间就会重复出现类似的流行现象。社会环境会制约流行的周期性。决定人类生活方式的变化的经济基础和与之相应的上层建筑可直接左右流行周期的长短。对服装流行进行预测，有敏锐的洞察力，熟悉掌握服装的演变规律、多变化的因素，有一定的美学基础和分析能力，时刻关注国内外政治、经济、科技、教育、文化的发展与动向，熟悉服装本身的属性，了解市场反馈的信息是服装设计师应具备的基本能力与专业素养。

（三）以社会为设计的评判者

怎么评价设计的好坏？什么样的设计是好的设计？如今有很多设计竞赛和奖项，都在对设计进行评价，试图选出好的设计，但是评价结果引起的反响不同，有的评价结果可受到大众认可，大众认为获奖者实至名归；有的却被认为是黑幕。可见，对于设计的评价标准，每个人都有自己的看法。那么，怎样客观公平地评价服装设计的好坏？实际上，在不同的情况下，服装设计评价标准有着微妙的不同，具体包括如下两种情况。

在服装设计大赛中，人们对服装设计的评价往往会以工艺、美学等为重要标准，会关注服装所传达的服装设计师的设计理念和艺术观念，而非服装的舒适性和实用性，并且服装界权威人士尤其是评委的看法对服装设计师评价有很大的影响。

而商业性的服装设计评价标准则直接而严格，即消费者和市场的接受程度，其直接体现为销量。销量高的、消费者喜爱的、市场认可的就是好的设计。实际上，最初部分设计师并不认可这一评价标准，他们将自己设计的服装不受欢迎的原因归结为消费者不懂设计，而不是自己的设计不好。而现在，消费者、市场对服装设计产品的接受程度已成为公认的服装设计评价的唯一标准，并且已经有很多服装设计大赛将此纳入评价指标体系。

服装设计师应当正视这一点，重视市场和消费者的需求和看法，并将之作为服装设计过程中的重要考虑因素。不过，这并不代表服装设计师要无条件地迎合市场，放弃个性，这样服装就会失去设计的意义；而应当尊重市场，调查和了解消费者的需求与审美，以此为重要的设计依据，同时，设计师要将自己的设计理念和创意融入其中，在符合消费者心理与需求的同时，改变他们的服装观念。所以，服装设计师应当以社会为设计的评判者，同时在市场与自我之间找到平衡点，这样才能够设计出大众接受并且不失设计师个人风格的服装产品，其设计生涯才会旺盛而持续。这需要服装设计师在长期的设计实践中不断磨炼和提升自我。

第二章　服装设计的美学原理

在服装设计的艺术领域中，美学原理是设计师不可或缺的核心素养。本章深入探讨了服装设计所涉及的美学层面的原理，详尽阐述了形式美的原理、视觉错觉的原理，以及服装设计中的美学规律。

第一节　服装设计中的形式美原理

一、形式美的概念和意义

人类对美的向往根植于其内心深处，这是一种自远古时代便存在的心理渴求。美的形态并非一成不变，正如常言所说"仁者见仁，智者见智"，美的内涵及其外在展现方式是随着时代的演进而不断演变的。人们的审美观念也在持续转变与更新。服装设计的核心任务在于，既要满足实际需求，又要追求美感体验。

（一）形式美的概念

在古希腊哲学和美学思想中，美的概念常与形式紧密相连，许多哲学家视形式为艺术和美的根本。毕达哥拉斯学派、柏拉图及亚里士多德等主张，形式是万物的本原，也是美的本原。在他们看来，美源自一种内在的秩序。现代心理学家阿恩海姆，在其著作《艺术与视知觉》中提出了不同的见解。他认为，美实际上是一种"力的结构"，并且强调，当视觉形式呈现出良好的组织状态时，它便能使人们获得愉悦感受。他还指出，艺术作品的实质就在于所呈现出的视觉形式。

英国知名美学家克莱夫·贝尔在《艺术》中提出了一个观点，即造型艺术是一种"有意味的形式"。这一观点对现代艺术产生了深远的影响。克莱夫·贝尔认为，真正的艺术旨在创造出这种独特的"有意味的形式"。这种形式既不等同于纯粹的形式主义，也与内容和形式的简单结合有所区别。总的来说，形式是一个超越时代的概念，它是艺术作品的直观展现，也是情感表达的媒介。形式的美感能够引发人们的审美感知和情感共鸣，而形式美的规律和原则则为造型艺术提供了基本的创作指南。

抛开美的内容和目的，单纯研究美的形式的标准，被称为"美的形式原理"，即形式美原理。

（二）形式美的意义

深入探究美的形式原理，有助于将复杂问题变得简单明了，同时能让矛盾更加凸显。形式美的原理关注的是那些能够普遍引发美感的要素，因此其应用场景极为丰富。形式美是一种主观感受与客观实际相结合的产物，在这个多彩世界中，美无处不在。当人们的感官和心灵沉浸在自然界的绚丽多彩中，人们会不由自主地产生强烈的情感共鸣。有时候，仅是一朵小花或一株小草，就足以让我们感到身心舒畅。当我们与之产生心理共鸣时，便会被它们所展现的形式美深深吸引。

在我们所处的世界里，无论何种事物，都蕴含着形式美。对个体来说，要洞察并体验到这些美，关键在于拥有敏锐的观察力和深刻的感受力。然而，要培养这些能力并非易事，需要我们经过一系列的学习和实践。通过锻炼这些能力，才能够从复杂多样的自然界中识别出形式美。历史上积累的艺术文化遗产提供了丰富的资源，这些资源便是人类对形式美的不懈追求和深入探索的体现。形式原理实际上是人的内在力量和社会内容长期积累的结果，它超越了时间、空间、种族和个人差异，为艺术设计和创作提供了普遍适用的美学法则和指导原则。

在艺术创造活动中，纷繁复杂的感性材料经过创作者的主观捕捉，进而得到筛选、整理、提取、加工，被逐步完善为较理想的形式元素，诸如造型、色彩、构图、意境等等，创作主体将情思与感受贯穿其中，确定出由主观控制的画面形式美基调。在这个过程中，创作主体对形式美的理解越深入、透彻，就越能够把握形式美感，越能更加自由地驰骋在艺术王国的天地里。可见，对形式原理的学习和体会是贯穿整个创作和设计过程中的。

二、形式美原理及在服装设计中的应用

古斯塔夫·西奥多·费希纳是 19 世纪德国著名心理学家，他提出了 9 条关于形式美的基本原则，即反复与交替、旋律、渐变、比例、平衡、对比、协调、统一和强调。这些原则在服装设计的实践中得到了应用，并被转化为一套形式上的指导规则。

（一）反复与交替

1. 反复与交替的概念

反复是一种修辞手法，就是在作品中重复某个元素，以达到强调目的。在反复过程中，服装设计师不仅要确保该元素具有一定的变化性以及与其他元素之间的关联性，还要控制元素间的距离。如距离过近，则不能区分出被重复的单个元素，会显得过于统一；反之，如果反复的间隔过远，则会显得单个元素之间的联系不紧密。两种及两种以上的要素轮流反复，被称作交替，交替是成组的反复。常见的例子有纺织品的纹理设计、印花图案的设计，以及室内装饰中使用的壁纸图案等。

2. 反复与交替的形式

根据要素的性质与形态，反复与交替主要有以下三种形式表现：

（1）同质同形要素反复或交替。这种形式具有强烈的秩序感，有时也会让人感觉缺乏变化，显得单调。

（2）同质异形或异质同形要素反复或交替。这种形式会消除单调感，使画面

富于变化，进而产生一种调和的美。

（3）异质异形要素反复与交替。这种形式往往会因为形态之间的显著差异而产生视觉上的混乱，从而缺乏整体的一致性。这种情况下，设计师要实现各个元素之间和谐搭配就显得尤为困难。

3.反复与交替在服装设计中的应用

在服装设计的实践中，最常用的两种设计方法就是反复和交替，它们通常体现在服装的多个领域，例如基础造型的反复、相同色彩或图案的反复等。通过在服装上循环使用造型元素，设计师能够创造出一种有序的结构和整体的协调感。然而，如果这种设计手法运用不当，设计师过度重复使用形状、材质或色彩上有显著差异的元素，可能会导致服装的整体外观不和谐，或者使得服装的某个部位过于突兀，甚至可能导致设计缺乏明确的焦点。需注意的是：要素在服装上既要保持一定的距离，又要保持一定的变化和联系。

（二）旋律

1.旋律的概念

旋律这一概念源自音乐领域，意指有节奏的运动。在视觉艺术中，它指的是设计元素按照一定的规律进行排列。当观众的视线跟随这些元素移动时，会感知到元素间的动态和变化，进而唤起对旋律的审美体验。

2.旋律的形式

旋律的形式比较多样化，主要包括以下几种。

（1）重复旋律

重复旋律是同一造型要素通过重复、同一间隔或同一强度产生的有规律的旋律。这种形式最易形成，具有秩序美。

（2）流动旋律

流动旋律是本身没有规律，但人们能够在其连续变化中感受到流动感的旋律。它具有强弱抑扬、轻快稳重等变化。这种形式是不能被随意控制的自由旋律。

（3）层次旋律

层次旋律可按照等比等差关系形成层次渐进、渐减或递进，形成柔和、流畅的旋律效果。

（4）流线旋律

流线旋律是快捷利落、顺畅自然、平稳的流线中没有抵触感和冲突感的旋律。

（5）放射旋律

放射旋律是由中心向外展开的旋律，由内向外看有离心性，由外向内看有向心性。形成的视觉中心往往也是一个很重要的设计中心。

（6）过渡旋律

过渡旋律即转调，音乐术语，它是从一种调子转换到另一种调子的过渡，既有统一又有变化。在音乐的创作与演绎中，若整首曲子始终在同一个调上，往往会导致听众感到乏味。相反，如果调子转换过于突兀，又可能使听众感到不适和困惑。因此，音乐中的转调技巧至关重要，它不仅能够有效地连接不同的音乐段落，确保旋律的流畅性和连贯性，还能够体现其动感。

3. 旋律在服装设计中的运用

（1）重复旋律

纽扣排列、波形褶边、烫褶、缝褶、线穗、扇贝形刺绣花边等属于重复旋律的表现。在服装上，纽扣排列、褶边、穗边等极易产生旋律的边角设计，在造型上重复使用，能够营造出一种旋律感，而且随着重复单元的增多，这种旋律感也会相应增强。尽管这种设计手法并不受限于固定的模式，设计师仍需注重整体的形式美感，以确保设计不会过于杂乱无序。

（2）流动旋律

宽松服饰下摆形成的自然褶皱，以及裙裾下摆的摆动、褶边、叠领、围巾、头饰等都属于流动旋律的表现。当着装者行动时，人体随着运动与服装忽近忽远，这在宽松肥大的服装上表现得尤为明显。这时，衣服的自然皱褶和裙摆的自然摆动就会产生流动旋律。当材料较轻薄时，旋律感会更加明显。在服装设计中，叠领和褶边等元素的运用，正是设计师借助了流动旋律来传达的一种轻松自在的风格。

（3）层次旋律

服装设计中的层次旋律可以通过多种方式体现出来，包括裁片的叠加拼接、色彩的逐步过渡、不同材料的有序组合和重叠、服装轮廓的逐渐演变，以及服饰品的层次排列和搭配等。

（4）流线旋律

流线旋律主要表现在由造型和材料所构成的悬垂效果上。这种形式的表现效果具有较强的女性化倾向。

（5）放射旋律

在服装设计中，放射旋律的运用较为广泛，如伞状褶皱的裙子、宽摆的喇叭裙、针织披肩领上的辐射状纹理，以及通过立体剪裁技术自然形成的向外扩散的褶皱等。这些设计通常以人体的某些部位，如以颈部、肩膀、腰部、手臂或脚踝为中心，向外辐射展开。典型的例子有放射状的披肩领纹理和经过特别设计的外扩式领口。此外，通过特定的工艺技巧和装饰手法，在服装上创造出放射性形状也是一种流行趋势，这一点在礼服和表演服装的设计中尤为突出。

（6）过渡旋律

运用对比太强烈的面料、款式、色彩进行组合拼接设计时，设计师需要寻求过渡元素。过渡旋律能够使组成服装的各个部分自然衔接、相互融洽，可使有明显特征的几部分服装在视觉上没有太强的冲突感。

（三）渐变

1. 渐变的概念

渐变是一种视觉现象，它描述了事物的某个属性或状态在一系列有序的阶段中逐渐转变的过程，这种转变可以是逐渐增加或逐渐减少。当这种有序的变化能够被整合成一种和谐的整体感，并且展现出一种连贯的美学效果时，它能够使观者获得美感体验。

2. 渐变的形式

根据变化的规律性包括如下两种渐变。

（1）规则渐变

规则渐变也称等级渐变，它指的是某种形状或特征依据一定的比例或规律逐步增加或减少。这种渐变的规律性非常显著，如从大到小、由浅到深、颜色的明度和纯度变化、由疏到密等等。这种规则性的渐变类似于节奏。

（2）不规则渐变

不规则渐变是指从事物的核心属性中提取关键特征，并在这些特征上进行变化，而这些变化并不遵循固定的模式。这种渐变更多地侧重于感知上的过渡和感觉上的流动。例如，色彩的不规则变化、款式上的对比、材质上的无规律渐变和过渡、抽象和具象的渐变等等。

3. 渐变在服装设计中的运用

在服装设计的实践中，渐变手法的运用能够创造出一种极其优雅且流畅的视觉效果。因为是逐渐变化，所以一般不会给人突兀的感觉，感觉一切都是自然而然进行的。

色彩渐变在服装设计中是一种常见且有效的手段，用以创造视觉上的层次感。此外，通过调整造型元素的大小、强度和重量等因素，设计师也可以创造出渐变效果。三个以上的造型元素单体的逐渐移动，可产生渐变，如在多条分割线部位使用由细到粗的嵌条、缝缀的珠片按大小排列或把线状装饰品的几何中线上的串饰向两边递变都是服装中常见的渐变应用。

在服装设计中，渐变既适用于单件设计，也适用于系列设计。在系列服装设计中，为了保持整体的协调性，设计师通常会从服装的剪裁和色彩搭配入手，比如采用一致或相似的服装轮廓，或者在服装的内部细节上逐步增加或减少设计元素，抑或是调整服装外形的长度变化。至于系列服装中的色彩渐变，则特指在一系列单品中色彩的逐渐过渡和变化。

（四）比例

1. 比例的概念

在一个统一的整体中，无论是整体与部分之间，还是各个部分之间，都存在着一定的数量和配比关系。这种关系是由元素间的长度、尺寸、重量和质量等方面的差异所决定的，它们共同作用，可形成整体的平衡关系。这种关系被称为比例。

2. 比例的形式

比例的形式多种多样，常用的比例有如下几种。

（1）黄金比例

黄金分割这一概念起源于古希腊时期，当时的人们运用几何学的原理来构建既神秘又美观的建筑。将一条线段分割为两部分，使其中一段与整条线段的长度之比，等同于另一段与这段线段的长度之比，各部分的比值接近1∶1.618，近似3∶5∶8，如图2-1-1所示。

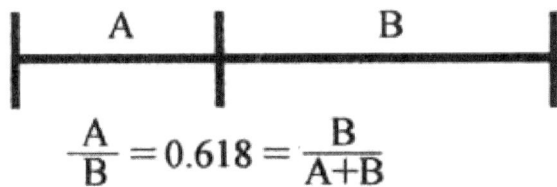

$$\frac{A}{B} = 0.618 = \frac{B}{A+B}$$

图 2-1-1　黄金比例

人体的黄金比例为：头部长度与身体长度比例为1∶7。以肚脐划分，上身比身长为3∶8，下身比身长为5∶8，腰节到膝盖比身长为3∶8，膝盖到脚跟比身长为2∶8。

（2）费波那奇数列

费波那契数列是基于黄金分割原理发展而来的一种数学序列，旨在为人们提供一种更为实用的整数比例方案，避免了黄金比例中小数点的使用。该数列按照

1：2：3：5：8：13：21 这样的规则排列，其中每一项数字都是前两项数字的总和。费波那奇数列具有清晰的递增规律，而且其比值与黄金比例的比值非常接近。在服装设计的实践中，这种比例关系因其柔和的特性和内在的节奏感而被广泛采用，尤其是在多层次服装的长度设计以及内部装饰元素的布局规划中。

（3）日本比例

日本设计师们倾向于使用一种基于等差数列的比例，即 1：3：5：7：9，这被称为日本比例。这种比例是通过连续整数的加法构建的，它为人们提供了一种简单而鲜明的整数递增模式。由于是从较小的数值开始累加，初始的增量相对较大，但随着数值的增加，每一步的增量逐渐减小。如日本建筑中的榻榻米、拉门、拉窗等。

（4）百分比比例

百分比比例在服装上指服装的某一部分占整体的百分比，或小部分占大部分的百分比。百分比多被用于自然科学的研究，在服装上使用它是因为其直观、方便，如背长占衣长的百分数、分割线或装饰线占衣长的百分数等。

3. 比例在服装设计中的运用

比例作为服装设计中形式美的核心法则，几乎无所不在。在多件服装的组合搭配中，比例可帮助设计师确定内外结构各元素的相对位置和数量、调节上衣与下装的长度比，以及协调服装与配饰之间的搭配比例。在单件服装的创作过程中，比例被用于界定不同层次之间的长度关系、设定分割线的具体位置、平衡整体与局部以及局部之间的比例关系。此外，比例还涉及服装与穿着者身体裸露部位的比例协调。在服装设计中，比例的应用主要通过两种方式实现：比例分割和比例分配。

（1）比例分割

将一个整体分成几个小面积的个体，这些小面积之间的比例、小面积与整体之间的比例关系就是被分割的比例。比例分割的对象是同一个整体。在服装设计上，比例分割常被用于确定内侧分隔线的位置及长短。

（2）比例分配

在两个或两个以上的物体间确定某种比例，比例分配的对象不是一个整体，是体现附加于整体之外的个体之间或者个体与整体之间的比例关系，如外套与裙装等不同服装的搭配等。

（五）平衡

1.平衡的概念

平衡原指物质的平均计量。在造型艺术领域，平衡的概念已经远远超出了物理学中简单的重量对比，它涵盖了更广泛的维度，包括大小感知、重量感知、明暗对比以及不同材质所带来的触觉体验。

2.平衡的形式

根据形成平衡所包含的要素的数量，我们可将平衡分为对称平衡与非对称平衡。

（1）对称平衡

对称平衡即正平衡，也就是当物体与图形存在于某个基准的相应位置时所产生的平衡。对称是指图形相对某个基准做镜像变换，图形上的所有点都在以基准为对称轴的另一侧的相对位置有对应的对称点。对称是造型设计中最简单的平衡形式，尤其在服装中，采用对称的形式很多，因为人体结构是基本对称的，身着对称形式的服装给人的感觉最自然最舒适，容易达到心理上的平衡感。对称有很多具体的形式，如旋转对称、中心对称、左右对称和平行移动对称等。

①左右对称

左右对称也被称为单轴对称、对称轴对称。

②中心对称

中心对称也叫多轴对称，随着对称轴的增加，对称要素也随之增加，多用于图案构成、染织纹样构成和服装上的装饰。

③旋转对称

旋转对称也叫点对称，是指在点的两个方向增加形状相同、方向相反的两个或两个以上元素，形成旋转对称的形式。

④平行移动对称

平行移动对称指以单轴为对称中心，将同一元素依次向前移动。

（2）非对称平衡

非对称平衡即均衡，是一种与对称相对立的平衡形式。在对称中，元素在空间分布、数量、间隔和距离等方面通常可呈现等量关系。相比之下，非对称平衡则不依赖于这些元素的等量对应，而是一种在大小、长短、强弱等对立的要素间寻求平衡的方式。非对称平衡的真正价值在于能够在不对称的情况下，通过细微而互补的变化，创造出一种稳定与和谐的感觉。

3. 平衡在服装设计中的运用

平衡在服装设计中的应用是在服装的各基本因素之间，形成一种既相互冲突又和谐统一的空间感，这种感觉既体现在视觉层面，也触及心理层面，能给人以安全和稳定的形象。它是色彩搭配比例、面积及体积比例等的重要原则。在设计不对称的服装时，平衡在外轮廓的造型、内部结构的切割与拼接，以及上下装之间的协调设计中发挥着重要的作用。对于许多非对称的服装款式，其左右两侧可能在形状、材质或色彩上存在差异，为了达到视觉上的呼应，设计师要运用均衡原则来配比。

（六）对比

1. 对比的概念

本质上对立或截然不同的元素并置在一起而产生的效果被称为对比，例如直线和曲线、粗和细、大和小等相互冲突的设计元素。这种差异性对立的手法，不仅能强化每个元素的独特属性，而且具有鲜明的视觉冲击，可赋予观者一种直观且充满活力的感受。

2. 对比的形式

（1）造型对比

造型对比涉及服装的外形轮廓或内部结构设计中运用对立的设计元素，这种对比既可以体现在单一服装作品中，也可体现在系列服装作品中。造型元素排列的疏密、水平线与垂直线的横竖关系、简洁与繁复的风格之间都可形成对比。

（2）面积对比

面积对比是指不同色彩、不同元素、不同材质在构图中所占的量的对比。面积大小的对比给人的感觉非常直观且显而易见。

（3）色彩对比

色彩对比是一种视觉现象，它描述了不同颜色在画面或设计中的相互作用。这种对比可以通过多种方式实现，如同类色对比、邻近色对比、对比色对比和互补色对比等。

（4）材质对比

材质对比是指在服装上运用性能和风格差异很大的面料来形成对比，以此来强调设计感。材质对比无论是在视觉上，还是在手感上都有一种刺激效果。

3. 对比在服装设计中的运用

在服装设计中运用对比可起到强化设计的作用。通过巧妙地结合宽松与紧致的廓形、圆形与三角形的结构、直线与曲线的造型，或是大与小的尺寸对比，设计师能够创造出极具视觉冲击力的服装款式。这些对比元素相互融合、相互衬托，可使服装外观更加引人注目。

此外，服装的配件、服饰品也可和主体服装产生对比，既可突出服装的造型，也能强调饰品的运用。

在创意服装、前卫风格以及休闲风格的设计中，设计师通常运用质地截然不同的面料，以营造出一种随性的氛围，这种材质上的对比往往带有一种不羁的气质。

在童装、少女装、运动装以及民族风格服装等领域，色彩对比的应用尤为广泛。恰当的色彩搭配不仅能增强视觉上的活力与动感，还能赋予设计以强烈的吸引力。在实际运用色彩对比时，设计师需兼顾色彩本身的特性以及不同色彩在面积上的分布和协调。

（七）协调

1. 协调的概念

协调原为音乐术语，指为了形成和声及两个以上音的调和音而产生的衔接音。设计的协调是指设计师为了使设计在保持其功能性的基础上具有艺术的美感，通常使用两种或多种特点不同元素，各元素之间相互协调，不发生冲突。

2. 协调的形式

协调的形式按照协调内容的不同，大致包括下面几类。

（1）类似协调

类似协调是指具有类似特点的要素间的协调。类似的各要素有着某种共性，虽然它们有区别于其他要素的个性化特征，但是还是较易协调的。

（2）对比协调

对比协调是指对立要素之间的协调。对立要素之间的差异很大，相比类似协调，对比协调难度较大，最佳的协调方法就是在对立的两个元素之间加入对方的元素，或者加入第三方因素。原本对立的两个元素，由于第三方元素的存在而产生一定的联系，于是就达到了协调的目的。

（3）大小协调

大小协调是指在设计服装时，设计师对组成服装的各种元素进行恰当的尺寸分配。由于服装通常由多个部分拼接而成，在不同元素之间保持尺寸上的和谐尤为重要。当各个元素的尺寸相互匹配时，整件服装的外观和感觉都会得到改善。

（4）格调协调

格调协调是指在视觉感知和心理感受层面上，确保设计的各个方面达到和谐一致的效果。服装设计所要追求的结果是造型元素通过各种手法组合后所表现出的内涵，这种精神内涵与外在形式相统一并与人体结合，能显示出着装者的情调和品位，所以格调的协调是服装内涵高度统一的前提。

（5）材质协调

材料搭配是指依据设计的整体风格、所需的造型效果以及材料的独特属性，来精心选择和调整所使用的面料和纹理。在一些极具创新性的设计作品中，设计师通常采用质地和色彩都具有显著对比性的材料，以此创造出一种强烈的视觉冲击效果。

3.协调在服装设计中的运用

在服装设计领域，对形状、色彩及材质等多元要素进行协调至关重要。这些元素之间无论是相似还是迥异，都可能需要协调，因此设计师在设计过程中需深思熟虑。

服装是一种多元化的艺术形式，它不仅仅是单一造型、色彩或面料的简单组合。真正的服装设计是对众多元素进行巧妙融合，从而创造出一种和谐而美观的整体效果。

在系列服装设计中，协调是必用的手法，且效果明显。通过巧妙地调和各种元素，设计师能够打造出既灵活多变又统一协调的服装系列。

（八）统一

1.统一的概念

统一是指协调个体与整体的关系，强调通过优化个体属性，使之更加契合整体，从而创造出和谐有序的结构。

2.统一的形式

（1）重复统一

重复统一是指在设计中对同一元素或具有相同性质的元素加以重复使用，这些元素在一个整体中很容易形成统一。

（2）中心统一

中心统一是指整体中的某一个体成为设计中的重点，设计师通过对这一重点的突出和强调，将人的视线集中在这个个体上，其余的个体元素以此为中心，并与之协调形成统一。

（3）支配统一

支配统一是指主体部分控制整体以及其他从属部分，通过建立主从关系形成统一。在设计中，相同的材料、形状，相同的色相、明度、纯度，相同的花形纹样等都可以被当作支配的要素。

3.统一在服装设计中的运用

在服装设计中，构成服装的个体相互统一时，设计师就创造了服装自身的整体美；当服装本身与服饰品如首饰、鞋帽、箱包、化妆、发型等统一时，就会构成着装的整体美。

在服装设计中，统一性首先体现在设计师对整体形态的主导和协调上，它指设计师从大局出发，塑造统一的设计风格。此外，无论是上下装之间的搭配，还是服装的外形与内部细节的呼应，甚至装饰元素与它们所在位置的结合，都需要遵循统一的原则来进行精心设计。在服装设计中，任何构成元素都可以被单独看作是需要统一的元素。设计师在服装图案、边饰、零部件以及其他装饰设计中经常运用重复统一的方法。职业套装经常将色彩作为统一要素，来统一外轮廓与不同的内部细节或是上下装的造型。

（九）强调

1.强调的概念

强调类似于中心统一，指使人的视线从一开始就被所要强调的部分吸引，通常情况下，被强调的部分是设计的视觉中心。

2.强调的形式

（1）强调主题

在发布会或竞赛场合的服装设计中，强调主题是一种常见的形式。设计师通常会根据特定的主题来构思系列服装，这个过程包括寻找思路、材料选择、色彩搭配、制作工艺以及配饰选择等各个环节，每一环节都致力于强化主题表现。有时，甚至活动的舞台布置、照明效果和音响配置也会与服装设计的主题相协调。

（2）强调工艺

强调工艺主要是对服装的裁剪特点、制作技巧、装饰手法等进行关注，并将这些元素作为塑造整体风格的关键。通过运用镂空、抽纱、褶皱等精细工艺，设计师能够赋予服装鲜明的个性和卓越的设计感。强调工艺能够增强服装的整体氛围，此外，较为朴素的服装款式通常更着重强调工艺的细腻和高超。

（3）强调色彩

在服装设计领域中，色彩发挥着极为关键的作用。巧妙地运用色彩，能极大地提升设计的视觉冲击力。通过捕捉色彩所蕴含的情感特质、运用色彩间的鲜明对比，以及调控色彩的明暗和深浅对比，设计师能使服装格外"吸睛"。此外，考虑到服装的适用场合、功能以及穿着者的年龄，各种色彩搭配方案应运而生，形成了独特的常用色系。

（4）强调材质

随着纺织工业的发展、科学技术的进步，各种各样运用不同工艺或者高科技手段形成的服装材料应运而生，从而使服装设计在材质表现上出现了多种风格。在现代服装设计领域，面料的重塑与二次创作成为新的发展方向。设计师们积极探索如何根据面料的独特属性进行创新性的改造，以凸显面料的再利用价值与观赏价值，或是巧妙利用面料固有的特性来强化其功能性，提升其艺术魅力。

（5）强调配饰

在当今的服装设计潮流中，配饰的巧妙运用已成为众多设计师和消费者追求的一种时尚趋势。当服装的设计元素如款式、面料和色彩比较朴素时，通过加入腰带、拉链、头饰等精致的配饰，设计师可以显著提升整体设计的亮点。配饰的强调运用还可为着装者扬长避短，掩饰人体某一部分的缺点；同时，配饰的强调可掩饰服装设计本身的不足，突出设计优点。

3. 强调在服装设计中的运用

在设计服装时，强调手法被用于区分和定义各种不同的风格。每种风格的服装都有其独特的设计元素，包括经典的廓形、精致的细节处理、鲜明的色彩搭配、特定的面料选择或是独特的制作工艺。通过对这些元素中的任何一个进行着重强调，设计师能够使服装展现出鲜明的风格特点。有些风格已经以特定的面料作为其代言词，如闪光面料、皮革、牛仔是前卫或休闲风格服装经常会用到的面料。

除了区分风格，强调手法在特殊作业服中，也有着重要的应用。如面料的防护性能、工艺的坚牢程度和色彩的醒目等，通常由专门设计人员完成。

在服装设计中，强调手法经常被用于掩饰身体上的某些不足或突显身体上的优势。采用多样化的强调手法，设计师能够创造出不同的视觉效果。

第二节　服装设计中的视觉错觉原理

一、视觉错觉的概念和意义

（一）视觉错觉的概念

视觉错觉（optical illusion）简称视错，也称视错觉、错视，是一种常见的现象。观察者由于受外部环境的影响或内在心理的作用，会对所观察到的图形产生与实际不符的解读。

在中国古代，人们就已对视错现象有所理解和描述。在"两小儿辩日"中描述的近大远小、近热远凉就是孩子们基于生活常识所作出的判断，两种判断相互矛盾却都符合知觉恒常性，因此孔子难以作出决断（见）。"两小儿辩日"的故事出自《列子·汤问》："孔子东游，见两小儿辩斗，问其故。一儿曰：'我以日始出时去人近，而日中时远也。'一儿以日初出远，而日中时近也。一儿曰：'日初出大如车盖，及日中则如盘盂，此不为远者小而近者大乎？'一儿曰：'日初出沧沧凉凉，及其日中如探汤，此不为近者热而远者凉乎？'孔子不能决也。两小儿笑曰：'孰为汝多知乎？'"[①]

现代科学对太阳在一天中的大小变化现象提供了解释。早晨和傍晚时分，太阳与观察者的夹角较小，导致阳光穿过的大气层厚度增加。这种情况下，大气层的梯度折射率较大，光线在传播过程中发生的弯曲程度较为明显，因此观察者会觉得太阳比较大。相比之下，在中午时分，太阳与观察者的夹角较大，阳光穿过的大气层相对较薄，大气层的梯度折射率较小，光线弯曲的程度不那么显著，从而使太阳看起来较小。此外，早晨太阳升起时，周围环境如远处的房屋或山脉与太阳形成强烈的对比，而在中午时分，太阳周围缺乏参照物进行对比，则显得小。而太阳的实际大小在一天当中是不变的。

（二）视觉错觉的形成

学术界对视错的形成原因通常有三种解释：一是源于刺激信息取样的误差；二是源于知觉系统的神经生理学；三是用认知的观点来解释视错。比较有影响的视错理论有以下三种。

1. 眼动理论

关于观察几何图形时出现的错觉现象，眼动理论提出，在观察图形的过程中，人们的眼睛会遵循一定的规律沿着图形的边缘或线条进行扫描。然而，当视线扫过图形的特定区域时，周围的轮廓可能会对眼动产生影响，导致眼动的路径和范围发生改变，进而引起偏差。这种偏差最终会导致我们在知觉上产生各种错误，如：缪勒－莱耶尔错觉（Miller-Lyer Illusion）。作为补充，学者们提出了传出准备性假说，该假说认为错觉的产生源于神经中枢向眼肌发送的不恰当的运动指令。只要大脑进入了眼动的准备状态，即使眼睛并未实际移动，错觉也有可能

---

① （战国）列御寇. 列子 [M]. 上海：上海古籍出版社，2014.

出现。

2. 神经抑制作用理论

在 20 世纪 60 年代中叶，基于对轮廓感知的神经生理机制的理解，科学家们提出了神经抑制作用理论。这是一种尝试从神经生理学的角度来阐释视错觉现象的理论。根据这一理论，当两条轮廓线相互靠近时，视网膜内部的侧抑制机制会作用于被轮廓激活的神经元，导致神经兴奋的分布中心发生偏移，进而导致人们所观察到的轮廓似乎产生了移动，从而引发了各种几何形状和方向上的错觉，例如波根多夫错觉。

3. 深度加工和常性误用理论

深度加工和常性误用理论主张，错觉的产生有其深层次的认知根源。在日常生活中，人体的大脑为了维持对三维空间中物体大小的稳定感知，会将物体与观察者之间的距离考虑在内，这是保障物体大小恒常性的关键机制。然而，当人们将这种对三维空间的知觉习惯不自觉地套用到二维平面物体上时，就可能导致错觉的出现。从这个视角来看，错觉实际上是对知觉恒常性原则的一种偏离，是人类在处理视觉信息时对恒常性机制的误用。潘佐错觉便是一个典型的例证。上述三种理论都只能解释部分视错现象的形成，而不能解释全部的视错现象，关于视错的成因，人们仍在继续探索中。

（三）视觉错觉的意义

视错作为一种广泛存在的视觉体验，深刻影响着造型设计和艺术创作领域。深入探究视错觉的原理及其内在规律，并在设计实践中巧妙地运用这些原理，不仅能够优化设计方案，还能增添设计的创新性和吸引力。视错在建筑设计、装潢设计、舞台设计、陈列设计中都有大量运用，可使观者产生空间上的错误感受，可使较小的空间给人以较大的视觉感受。

色彩也会形成视错，法国国旗由红白蓝三色构成，其分割比例是红∶白∶蓝 = 35∶33∶37。因为白色具有扩张感而蓝色具有收缩感，通过这样的比例调整后最终实现的视觉效果是三种颜色平分秋色，在国旗上看起来一样大。

在服装设计中，着装者的体型样貌并非都完美无瑕，而服装并不能从根本上改变人的已有形态，因此利用视错的规律进行服装设计或着装搭配，可对观者进行"视觉欺骗"，使着装者"看起来"更高、更苗条、更健壮、体型更完美、比例更恰当、肤色更漂亮，从而弥补着装者的"缺陷"，达到扬长避短的审美效果。

二、视觉错觉的类别

视错觉可以根据其成因分为不同的类型，包括由外部刺激或物体本身的物理属性引起的物理性视错觉、由感觉器官直接产生的感觉性视错觉（也称生理性视错觉），以及由大脑知觉中心处理的心理性视错觉。在这些类型中，感觉性视错觉最为普遍，通常人们所讨论的视错觉大多属于这一类。以下将介绍一些典型的视错觉实例。

（一）尺度视错

尺度视错觉描述了一种现象，即视觉感知对物体尺寸的评估与物体的真实尺寸不一致，导致人们对物体大小产生错误判断。这种视错觉也常被称为大小视错觉。

1. 长度视错

两条实际长度相同的线段，由于在空间中的位置、排列方式或其他诱导因素的差异，观察者可能会产生一种视觉错觉，认为它们的长度并不相同。类似的长度错觉有很多。

（1）缪勒 – 莱耶尔错觉（Müller-Lyer Illusion）

缪勒 – 莱耶尔错觉，也被称为箭形错觉。在这个错觉中，两条长度相等的直线，当其中一条的两端被加上向外的斜线，而另一条的两端被加上向内的斜线时，观察者往往会觉得前者比后者要长得多，如图 2-2-1 所示。

图 2-2-1　缪勒 – 莱耶尔错觉

（2）菲克错觉（Fick Illusion）

两条长度相同的直线，若其中一条直线垂直于另一条直线的中点，观察者通常会认为垂直方向的直线比水平方向的直线更长，如图 2-2-2 所示。这一视错被普遍运用在服装上。人的视线随线条方向的左右或上下而移动，可产生视错。垂直线可产生上下延伸感；水平线则可产生横向移动扩展感。利用这种视错现象，设计师可使服装在视觉上增强或减弱穿着者的高度感或宽度感。"横条显宽，竖条显瘦"的说法在一定限度范围内才成立。

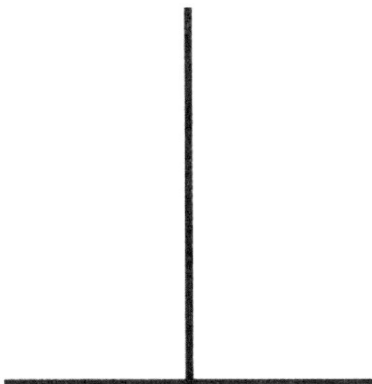

图 2-2-2　菲克错觉

（3）潘佐错觉（Ponzo Illusion）

潘佐错觉，也称作铁轨错觉或月亮错觉。在这种错觉中，两条长度相等的直线被放置在两条辐合线的中间，观察者往往会觉得位于上方的直线比下方的直线更长，如图 2-2-3 所示。

图 2-2-3 潘佐错觉

2. 角度、弧度视错

周围环境因素不同可使相同的角度或弧度在视觉上看起来并不相同。例如在贾斯特罗错觉（Jastrow Illusion）中，两个完全相同的扇形，下面的扇形看起来比上面的扇形大，如图 2-2-4 所示。

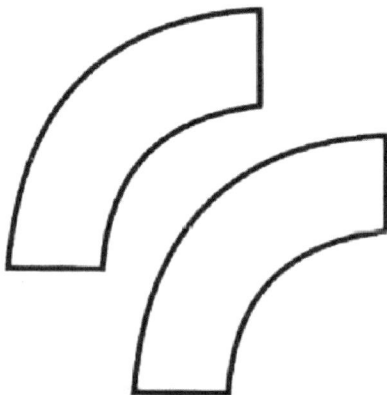

图 2-2-4 贾斯特罗错觉

3. 分割视错

使用分割作为诱导因素可使得相等的形态看上去大小不同。被分割的形态比不被分割的形态看起来显得大，如图 2-2-5 所示。

图 2-2-5 分割视错

4. 对比视错

尺度相同的形态，与周围不同的诱导因素对比，会产生大小长短并不相同的视错。对比视错在面积上表现得尤为明显。在左右两图形中，中间的点是一样大的，但由于被不同大小的圆包围，右图中间的圆显得大，如图 2-2-6 所示。

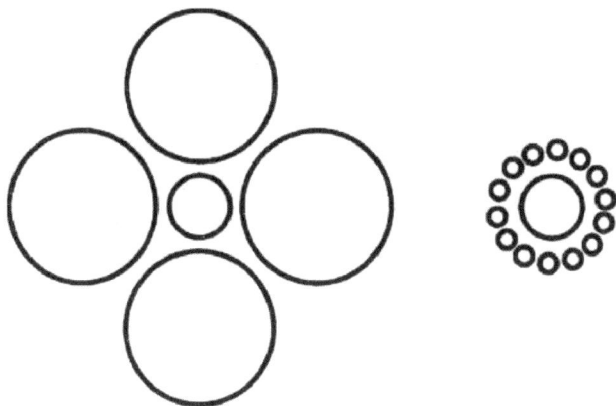

图 2-2-6 对比视错

另外，在透视原理中，即使是实际大小相同的物体，由于它们在空间中的位置不同，观察者在视觉上可能会感知到它们的大小存在差异。

参照物在圆的内外位置不同，可使得两个相等的圆看上去不等大。如图 2-2-7 所示为著名的艾宾浩斯错觉（Ebbinghause Illusion），两个面积相等的圆形，一个在小圆的包围中，一个在大圆的包围中，结果前者显大，后者显小。

5. 上部过大的视错

同样大小的形上下构成时，上部的显得比下部的大，所以要将上部的写得小一点才能取得视觉上的平衡，如图 2-2-8 所示。

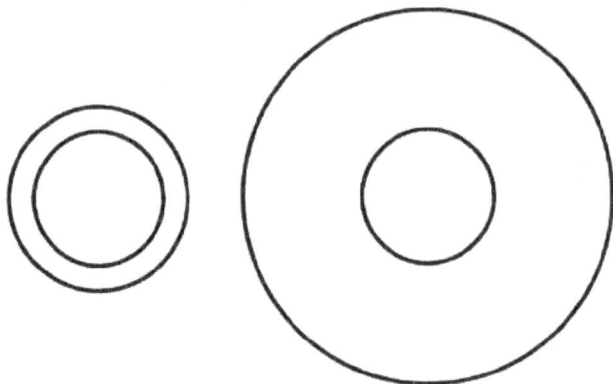

图 2-2-7　艾宾浩斯错觉

图 2-2-8　上部过大的视错

（二）形状视错

当人类的视觉感知对物体形状的解读与物体的实际几何形态不一致时，就会出现形状视错。

1. 扭曲视错

受到周围相关因素或环境条件的干扰，物体的视觉形象可能会发生改变，进而导致形状出现各种不同的扭曲现象，这样形成的视错叫扭曲视错。

（1）佐尔拉错觉（Zollner Illusion）

在某些情况下，原本平行的线条会因为周围附加线段的干扰而显得不再平行，如图 2-2-9 所示。

图 2-2-9　佐尔拉错觉

（2）冯特错觉（Wundt Illusion）

两条平行的线条，在受到额外添加的线段影响后，在视觉上可产生中间凹陷的错觉，如图 2-2-10 所示。

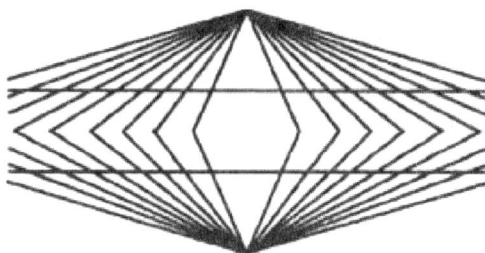

图 2-2-10　冯特错觉

（3）爱因斯坦错觉（Einstein Illusion）

在许多环形曲线中，正方形的四边显得有点向内弯，如图 2-2-11 所示。

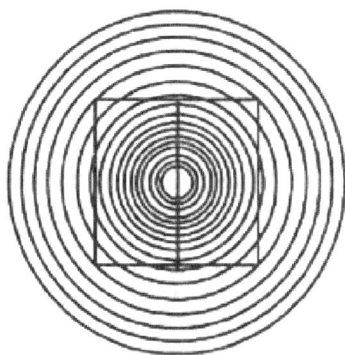

图 2-2-11　爱因斯坦错觉

（4）波根多夫错觉（Poggendoff Illusion）

当一条直线被两条平行线截断时，观察者可能会产生一种错觉，认为这条直线不再是一条连续的直线，而是出现了断裂或不连续的现象。如图 2-2-12 所示。

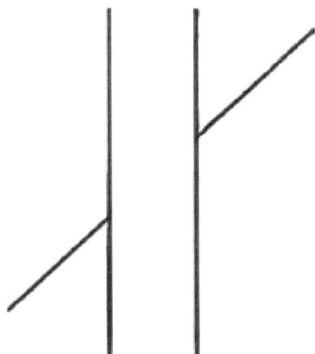

图 2-2-12　波根多夫错觉

2. 无理视错

本身或背景环境的诱导干扰，可导致环境产生变化或产生某种动感。

3. 视觉不统一的视错

画法的特殊处理，可形成异常不安定的形象，或者形成心理上的纠葛。

（三）反转视错

同一图形，由于观察者的视觉判断基准或视角的不同，感知到的立体效果可能会有显著差异。这种差异可能导致图形本身或图形与其背景之间的关系出现矛盾或反转，有时甚至会让人感觉到图形的某些部分时而凹陷，时而凸起。这种现象叫作反转视错。

1. 方向反转

观察者观看方向的改变或注目点的转移，可使视觉对图形的感受随之改变。

2. 距离反转

由于视觉对局部形态的空间深度的理解不同，局部形态有忽上忽下、时凹时凸的感觉，设计者可通过绘画创造出一种视知觉的运动感和闪烁感，使视神经在与画面图形的接触过程中产生令人眩晕的光效应现象与视觉效果。

3. 图底反转

视觉点在图和底之间进行转换，原先的图隐换成底，原先的底凸显成图，在视觉上可形成毫不相干的形象。

（四）色彩视错

色彩视错是一种因色彩本身的属性，如色相、明度、纯度以及冷暖对比所引发的视觉上的误导现象。

1. 色相视错

在不同环境色彩的影响下，色彩原来的色相会发生视觉偏移。任何两种不同色彩并置时，都会把对方推向自己的互补色。在服装设计中，设计师正是运用这个原理衬托肤色美，如穿绿色调的衣服，脸色会显得更加红润一些；肤色较黑的人穿白色的衣服也会显得更加精神一些

2. 明度视错

明度相同的色彩，在不同环境下明度感觉不一样。在背景较明亮的空间明度会降低，色彩将变深；在背景较暗的空间明度会提高，色彩将变亮。因此，穿深色衣服比穿浅色衣服可使肤色显得更白。除此之外，高明度的色彩还有膨胀感，低明度的色彩有收缩感。利用这种错觉，肥胖的人穿上深色暗色的衣服会显得瘦削一些，瘦小的人穿上浅色亮色的衣服会显得丰满一些。

3. 纯度视错

任何色彩与灰色这种中性色并置时，会将灰色从中性的、无彩色的状态转变成一种与该色相适应的补色状态。如脸色黄而偏黑的人，穿上中性灰色的服装会弥补面色的不足，如果穿浅色的衣服将使脸色更加蜡黄，而如果穿黄色或棕色衣服，会把脸色衬托得更黑。灰色作为现代都市服装常用色，同其他色彩相比，能更好地、更准确地传达微妙复杂的情趣和思维。

4.冷暖视错

冷色有收缩感而暖色有膨胀感。在服装上，通过色彩冷暖特点进行衣着选择是常用手法。如：瘦弱的人穿红、黄、橙等暖色系服装会显得丰满；脸色白而泛红的女性，穿湖蓝色会显得健康。其原理就是服装的色彩与肤色形成冷暖对比错觉。

三、视觉错觉在服装设计中的应用

在服装设计领域，巧妙地运用视觉错觉能够为作品注入活力，创造出令人眼前一亮的视觉效果，从而提升服装的整体趣味和审美价值。从结构形态出发，结合对比、夸张等设计手法，可使服装充满新意。利用视觉错觉的特性，设计师应敢于"将错就错"，以此丰富设计的层次感，彰显个性魅力，并进一步增强服装的视觉冲击力。

（一）视觉错觉在服装中的表现形式

1.外轮廓与内轮廓的视错

服装的内外部结构设计对其美观性和穿着舒适度起着至关重要的作用。在服装廓形的设计中，视觉错觉的应用极为普遍，它不仅能增添设计的趣味性，更重要的是能够有效地修饰穿着者的身材比例。

（1）外轮廓中的视错

服装的外轮廓线定义了其外部整体形状，往往能在第一时间吸引人们的注意力，并使人们形成对服装的第一印象，因此它是设计中的关键要素。动态视觉错觉，这种因不正当的参考判断而产生的错觉，在服装设计的外轮廓塑造中尤为常见。这种错觉带来的波动感，在视觉上可营造出一种不断变化的动态效果，可为服装设计带来新颖奇妙的感觉。在服装的基本轮廓上进行创新性的解构，打破了传统的思维模式，具有一种突破性的美感。例如，在2017年Fernanda Yamamoto的时装秀上，设计师在传统的西装轮廓中巧妙地融入了抽象线条。在服装边缘加入白色波浪形线条，这些线条随着模特行走而轻轻摆动，可创造出一种动态的视觉错觉。这种设计手法不仅增加了服装的层次感，而且赋予了整体造型一种活泼而有趣的动态韵律。

（2）内轮廓中的视错

服装的内轮廓设计主要涉及服装内部的切割线和结构布局，这一部分为创意设计提供了广阔的空间。通过对内部结构的深入挖掘和精细调整，设计师能够创造出丰富的细节，进而展现服装的多种功能和艺术美感。视觉错觉在内轮廓设计中也扮演着重要角色，尤其是分割视错的应用。分割视错描述的是，即使是相同形状和尺寸的元素，在经过等距的横向或纵向分割后，人们的视觉感知可能会出现长短或大小的偏差。这种错觉并不总是负面的，合理利用分割视错可以在服装内部结构中创造出调整人体比例的效果，并对身材进行视觉上的修饰和矫正。在分割视错的研究领域，奥库错觉和亥姆霍兹正方形错觉是两个典型的例子。我们从奥库错觉在服装设计中的应用可以看出，稀疏的横线条会看起来更宽，而紧密的横线条则会使身材显得更瘦；竖线条的影响则与横线条相反。因此，体型偏胖的人适宜选择横条纹较密集而竖条纹较稀疏的服装，以达到拉长身形的效果。

亥姆霍兹正方形错觉揭示了一个有趣的现象：在款式和条纹密度相同的服装中，横条纹往往比竖条纹更显瘦。因此，在没有特定风格要求的情况下，大多数人可以选择横条纹服装以获得更佳的视觉效果；而对于体型偏瘦的人来说，选择竖条纹可能更为合适。

2. 有色彩与无色彩的视错

色彩在服装设计中扮演着至关重要的角色，它不仅能赋予服装美感，还承载着艺术价值，同时能够触动人们的情绪，激发人们的思维。在服装领域，无论是色彩的运用还是无色彩的设计，视觉错觉都被广泛应用。巧妙地利用色彩视错，不仅可以提升服装的实用性，还能强化其个性化特征。

（1）有色彩的视错

有色彩的视错是指通过色彩的运用在视觉上产生的误解或错觉。这种视错主要体现在色彩对比、大小感知以及远近感的错觉上。当不同的色彩相互靠近时，它们会改变彼此的本质属性，导致人的眼睛在接收到色彩刺激后，产生视觉上的错觉。通常，色彩对比越强烈，这种视错效果就越显著。

在服装设计中，色彩对比产生的视错效果往往与功能性紧密相关。例如，在军用服装、消防服、滑雪服以及救生衣等特殊功能性服装中，色彩对比可确保穿着者的安全。比如迷彩服上颜色的选择就是根据色彩的对比视错进行的应用。迷彩服的颜色是设计师对周围环境的颜色进行提取后设计的。当迷彩服的颜色与所处的周围环境色块相融合时，人们在视觉上就不会轻易地分辨出穿着者的位置，这可产生与环境完全融合的视错效果，从而更加有利于穿着者隐藏自己的身份。滑雪服、救生衣的颜色艳丽，其实是为了突出穿着者的形态，从而可以起到保护作用。这类服装可通过颜色与环境之间的差异增强对比度，突出穿着者，引起人的注意。

在色彩的大小视错中，色彩的明度越高的暖色系具有膨胀感，明度低的冷色系则具有收缩感。高明度、暖色系则有更近的感觉，低明度、冷色则会有远距离的感觉。在服装设计中，色块与底色的巧妙拼接和组合，能够营造出鲜明的视觉反差。这种设计手法不仅能弱化服装原本的外形，还能为服装带来独特的辨识度，进而创造出令人瞩目的视觉错觉效果。这种视错效果的表现会使服装设计更个性化，并且能增加服装的趣味性。例如 Tsumori Chissato2012 成衣，其服装是按照色块的拼接设计的，a 字裙上面有着明度较高的蓝色颜色，其形状是模仿包臀裙，而服装本身的底色则是明度低的灰色。在颜色拼接的整体上，明度高的有彩色相较于明度低的无彩色在视觉上产生了大小远近差距，转移了观者的视线，形成了看似模特穿着的是蓝色包臀裙的视觉错觉。上衣也是如此对明度高的颜色进行应用，在视觉整体上呈现出假两件的视错效果。色彩的纯度变化，也可以呈现视错。不同纯度给人的视觉感受不同，纯度和明度较高的色彩更加显眼且有近距离感，我们也可以从装饰部位颜色观察体会视错远近的空间感。

（2）无色彩的视错

无色彩的视错是不带有任何色彩倾向的黑白灰这三种颜色在视觉上所呈现的视错。黑白的颜色较为强烈，将之应用在设计中可以表现出对立体空间造型的丰富想象。无色彩的视错在服装中的应用体现在空间视错方面。

在无色彩的视错中，空间视错是指利用黑白块面的大小营造出一定的空间立体感。黑白色块呈现的空间视错，在服饰中的应用可以起到一定的修饰作用。例如在 Chanel2015 年春季的时装秀中，设计师利用黑白颜色对服装的立体空间造型进行呈现，使之在视觉上有修饰人体轮廓的效果。上衣和下裙以白色为主，中间运用黑色起到一个收缩腰部的视错效果。整体造型拉长了身材的比例，也体现出视错所在空间上形成的透视感，有一定的视觉冲击力。

3. 质感与肌理的视错

（1）质感视错

在服装设计中，面料质感的视错现象通常产生在面料与光线、形状和色彩等环境因素的相互作用下，可创造出一种与面料原始质感截然不同的视觉体验。这种视错的应用，能够提高面料的可塑性，从而使服装的设计风格更加丰富多变，并凸显其与众不同之处。

以水晶丝缎面料为例，这种面料结合了丝线和涤纶的特性，可呈现出一种类似液态金属的光泽。这种独特的光泽效果可为服装带来一种梦幻般的视觉体验，并能激发观者的无限遐想。在 Armani Prive 2021 年秋季系列中，设计师巧妙地运用了这种面料。当模特在 T 台上行走时，光线的作用使面料带有光泽的部分不断变化，其色彩也随之变化，营造出一种动态的视觉错觉。

镭射面料则是另一种展现视错魅力的绝佳例子。它的色彩组合独特，不同于传统的面料或金属色泽，可呈现出多彩而变幻的效果。在 Maison Margiela 2018 年春夏系列中，设计师大胆地采用了这种镭射面料，当闪光灯闪烁时，面料仿佛活了起来，变幻出各种不同的色彩，创造了一种令人着迷的变幻错觉。这些创新的面料不仅为服装的整体造型增添了意想不到的效果，也极大地丰富了服装的视觉体验。

（2）肌理视错

肌理视错是一种基于人们长期积累的生活经验，通过视觉感知和心理反应共同作用而产生的对不同材质的错觉。这种视错通常是设计师通过点、线的组合排列以及光影效果和色彩对比的巧妙运用创造而来的。在服装设计中，肌理视错往往通过对面料进行创新性的再加工，创造出全新的纹理效果，并将之巧妙地融入服装设计之中，从而营造出一种独特的视觉错觉。通过改变面料的肌理，设计师可以在视觉上营造出面料不同的厚薄状态。例如，在 Chiara Boni La Petite Robe 2020 春夏高级成衣系列中，设计师以动物皮毛的图案作为灵感来源，对面料进行了改造，赋予类似真皮的毛绒质感。这种设计手法不仅改变了人们对面料厚薄的直观感受，还增强了服装的表现力和吸引力。

4. 立体形式图案与动感形式图案的视错

视觉错觉被广泛应用于各种服装图案中，视错在图案中主要被应用在立体形式图案与动感形式图案的视错两方面。视错图案本身就有一定的创意性和艺术性，视错图案会使人产生一定的幻觉，这种反常规的艺术表达形式会让我们在惯性思维中产生新奇的思想。在服装中应用视错图案可以增强服装的装饰效果，不仅能为服装整体增加视觉趣味，同时它也具有一定的修饰身材的作用。在提升整体设计感的同时，它也可增加视觉上的观赏价值。

（1）立体形式图案的视错

立体形式图案的视觉错觉，主要是设计师借助点、线、面，采用巧妙的交错排列、扭曲变形以及相互重叠等手法，从而让原本处于二维平面上的图像，在人们的视觉感知中呈现出一种三维立体空间效果。其主要表现在立体图案视错和矛盾视错方面。在服装中应用这种形式的图案，可使服装整体呈现一种立体之感，使服装更加有新颖感。立体图案视错可使平面的图形给人一种立体的感觉，如图 2-2-13 所示。

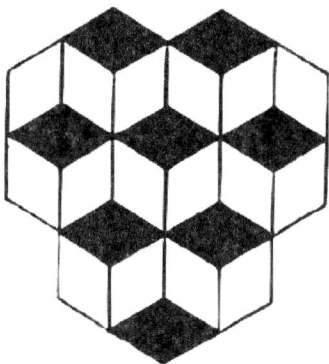

图 2-2-13 立体图案视错

矛盾视错主要是指在平面上展现出以立体为主的矛盾空间。这种方式的视错可与不同艺术形式相结合。设计师多以服装结构造型上的装饰进行图案设计，同时通过数码打印，绘制有明暗关系的图案并将立体视错作为辅助，使观者在视觉上形成视错。比如 Y/Project 在 2023 春夏的系列中，以人体为图案，利用线条粗细与颜色明暗营造一种"裸装"的景象。该服装远看貌似背心和牛仔裤，实则是一体连衣裙，又或是着装者看起来像穿着牛仔短裤但实际穿着则是短裙。服装图案与实际的服装形态在视觉上可产生一种矛盾感。

（2）动感形式图案的视错

动感形式图案的视错是指静态的图案呈现出律动感。这是一种展现复杂多样几何形体特征的方式，设计师可巧妙地将色彩融入其中。通过色彩与几何形体的相互交错和组合搭配，设计师可营造出更具动态感和视觉冲击力的氛围，主要应用平面图案视错、正反视错、动态视错。在服装中应用这种视错图案，可以在视觉上形成一种虚拟运动之感，同时它也有改善身材比例的作用。

平面图案视错是指设计师通过图形图像的大小、位置、颜色等方式进行排列组合，使观者在视觉上产生空间远近距离变化的错觉。平面视错是服装应用视错图案最简洁的一种方式，整体能通过点线面的视错，使服装的动感层次更加明显。例如 Annakiki 在 2022 春夏系列中用曲线的黑白格进行的服装设计，整体上将黑白格进行扭曲变形，在视觉上呈现出"陷阱"的动态感觉。在线条方面应用动态视错,例如 Jean Paul Gaultierits 在 2022 年春夏系列的应用,通过线条的宽窄的排列,体现视错;腰部线条与胯部的线条形成对比,腰部更加显窄,胯部则更加显宽。从整体上看,这一系列的服装也有拉长人体的视错效果。

正反视错主要体现在图形与背景的关系原则方面。这种错觉尤其凸显在面的正负形态之间,即图形与背景的相互转换。一个典型的例子是鲁宾杯所产生的视觉错觉效果(图 2-2-14)。当我们自然看到的图案画面是主题的一部分时,其周围则会被我们归纳为背景的底图,从而产生反转视错。在正反视错的应用中,这种视错主要体现在图形与背景之间的对比度方面,对比度越高,呈现的视错效果就越强。例如 Mugler Resort 2018 年的系列中,服装的整体以蓝色为主,腰部用白色的部分进行三角分割,在视觉上可呈现出收紧腰身的视错。

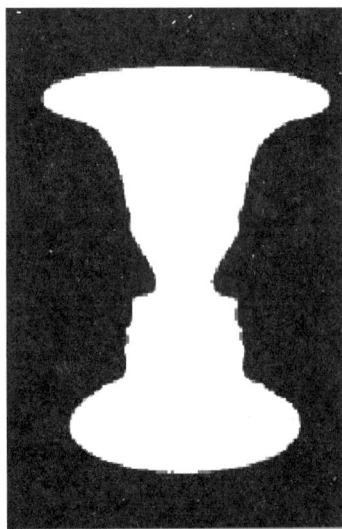

图 2-2-14　鲁宾杯视错

动态视错的图案发展来源于欧普艺术。欧普艺术图案可以使人产生动态图像的幻觉。图案所产生的动感错觉主要是图案的排列不同颜色组合造成的。赫曼方格所产生的效果可以体现出动态视错的效果(图 2-2-15)。在服装图案的应用中,例如在 Marni 2023 秋季系列成衣中,服装整体图案以黄色与黑色方块状的,设计师通过大小、形状的设计使服装的整体效果在间隔中产生了一种动态的视错效果，使服装的整体呈现在视觉上带来震撼的效果。

图 2-2-15　赫曼方格

（二）视觉错觉在服装设计中的功能表现

1. 多角度的修饰功能

服装除了保暖的功效，还传递着美感。服装设计的目的主要就是体现出人体本身的美，当人体的体型接近标准体型时，服装的整体造型就只需要将这种人体的美感表现出来，设计师也可以通过一些局部进行设计装饰点缀，使服装进一步突出美感。但当有一些人的体型不完美时，设计师通过服装的设计可以作出修饰的改变。将视错应用在服装设计中，对于穿着者的身材能起到很大的修饰作用。视错的应用可以体现在调整人体的长短宽窄的比例、修饰人体的曲线以及展现出穿着者的不同姿态等方面。视错在服装设计的应用主要是通过色彩、质感、线条等方面产生的视觉影响和对人体的比例、局部的形态做一定的修饰和调整，规避掉原有的问题，营造出比实际体型更加优越的穿着外观，以达到视觉美感的突出效果。

（1）调整人体比例

人体美的标准有很多，黄金比例就是其中之一。每个人的体型比例都存在差异，若个体的身体比例未能符合传统的黄金分割标准，那么个体可以通过服饰来进行调整，以优化其整体比例。在服装设计的实践中，设计师常常运用视错中的分割视错来调整比例。水平分割可以改变人体的上下部分比例，而垂直分割在视觉上可以增加人的高度。并且人的视线会随着线条的方向进行移动，会产生一定的错觉。竖向的直线具有一定伸出感，横向的直线具有拉伸感。设计师将视错这些特点应用在服装中可以对人体的高度和宽度进行一些修饰，能够有效地提高服装整体的设计效果。一些裙装、稍短的上衣、旗袍等这些服装就是通过拉高腰线，将下半身拉长使整体比例接近黄金比例，才塑造出理想的视觉效果。

（2）修饰人体曲线

利用视错，设计师可以凸显女性的曲线身材。视错中的平面视错图案，对比将视错等一些方式和手段应用到服装设计中，可以有效地掩饰身体线条上的不足，进而凸显女性的优美身姿。例如，"X"型的剪裁是常见的服装廓形之一，在肩部通过增加垫肩、夸张的袖型设计来增加肩膀的宽度；在腰部通过分割设计，或是束腰使腰部看起来更加纤瘦；在臀部应用裙撑，凸显臀部的丰满等方式都是应用对比视错，将女性的三维差距更加明显，使女性的身姿看起来更显纤细。

（3）展现不同姿态

每个人的神态风格都是不一样的。服装可以被视作人自我意识表达的一种载体。服装可以赋予人原本没有的气韵、力量、情感等，不同服装可给人带来不同的气场。每个人都可以借用服装的外表形成的不同的视觉感受来展现自己。基于视错第一概念成像本身和人的第一反应，设计师能够以非常直接的一种方式从服装角度对人们进行造型的改变。如服装上带有的花边、飘带设计就会有种灵动飘逸之感，可凸显人的温婉；垫肩就会有力量感的表现，能显示出一种强势之感；裙撑则会有一种尊贵之感。视错可以有效地展现不同美感的服装，突出个性化的表现，展现出不同的姿态。这是对人的视觉印象加以引导、升华人物造型的一种方式。

2. 多元趣味的视觉刺激

以趣味性为目的设计代表着一种革新性的思维方式，它超越了传统服装设计的实用性和审美性，旨在为人们提供一种娱乐性的体验。这种设计方法不仅能让观众在欣赏服装时获得愉悦感，还能促使他们进行思考，使人们发现服装设计的乐趣。设计师利用视错进行巧妙的设计，会创造出令人意想不到的视觉形象，能提高服装设计的独特性和创新性，使服装呈现出一种新奇幽默风趣的设计风格。这种视觉刺激主要体现在多维空间、夸张变形、形象同构这三方面。应用视错将一些不符合常规的事物进行组装拼凑，所设计出的服装在感官上会有一定的震撼感，可使之在现实中通过一些差别的方式吸引人们视线，同时可以更多地激发设计师的创造性思维，使设计可以通过另外一种方式有更加深刻的理解，给观者带来更强烈的视觉冲击。

（1）多维空间的视觉刺激

多维空间的视觉刺激主要是指应用视错原理，将服装原有的空间进行突破，以展现出多维度的现象，并在很大程度上增强视觉刺激。其生动而有趣的视觉表达能够促使观者产生更为丰富的想象力。设计师通过巧妙地运用线条的疏密、大小、虚实、对比等多种关系来达到这一效果。在二维平面空间中，设计师可以采用三维空间的方式制作或者是将平面静态的状态进行动态的转变等一些方法进行设计。这种多维度的体验不仅是服装外部造型的多变带来的，也可以是设计师巧妙地借助空间变化，来进行多维度的服装体现所产生的。这种多维度的幻象变化，容易引起人的视觉上的错乱，产生一种变幻莫测的动感，可以被较多地应用于服装的面料设计之中。

（2）夸张变形的视觉刺激

夸张变形的视觉刺激主要体现在其本身的吸引力、反常规和矛盾性的特点上。在服装设计过程中，设计师可以按照夸张变形的方式进行设计，如反常规地进行比例缩放以及抽象化的设计应用。此类设计往往具有显著的强调效果，能够轻易地制造出强烈的视觉冲击力。夸张变形的手法是有意识地对服装的外形轮廓、内部构造以及色彩运用进行创造性的扭曲、调整、拉伸或放大，以此来突破人体固有的自然形态，或者利用点、线、面、体等变化使平面静态的状态进行动态的转变。设计师运用视错这一特性，可创造出不一样的图案设计、产生一种不合常规的画面，进而改变自身原有认知的思维模式。这种夸张不符合常规做法的应用会给人带来一种新奇刺激的感受，在服装设计中会达到意想不到的效果。

（3）形象同构的视觉刺激

在服装设计的过程中，体现形象同构的趣味是以科学的方式进行应用，将普通的服装形态加以改变所产生的。主要是通过将人体与自然界中的各种素材巧妙融合，以建立起一种内在的联系和合理的逻辑关系。这样做的目的是使结构相互交融，使整体与局部、结构与体型的错视中产生一些新的形象。设计师也可以根据形象同构的创新角度视角和矛盾的观点来思考设计，在创意方面进行最大限度地发挥，以提高服装的独特性和创新性。Loewe 2023 春夏系列将二次元马赛克的形象与服装结合进行设计，将服装原有的形态进行平面化的改变，两者的形象结合，既有很强烈的视觉刺激，也有很强的趣味性体现。

3. 多种形态的装饰伪装

视错的伪装性主要是指设计师通过服装的造型，图案、颜色等变化以及根据具体的环境情况，利用视错的特点可达到隐藏或者改变外观的方式进行虚假信息传递的目的。服装设计中视错的伪装主要体现在模拟形态的方式、隐藏伪装的方式以及改变样貌的方式等方面。设计师通过这些方式达到伪装的目的。导致视错现象产生的要素是多方面的。其中，人们的思维习惯和过往经验起着关键作用。此外，周遭环境的变动以及个体的知觉感知也是产生伪装视错的原因。利用视错的伪装性所带来的震撼效果是在服装设计中的一种新的设计思路。通过环境的变化来进行思考设计，是对服装一种创新设计的表现。设计师可以从多角度思考，有更多的选择性和可能性，使服装有更新的发展方向。

（1）模拟形态的方式

模拟形态的视错方式在服装中是应用时间相对比较长的一种方式。这种视错方式主要是在生活中形成视知觉一贯的思维定式的应用。设计师可以通过服装的特点来进行暗示，模糊穿着者的个人特点，掩盖观者的视觉感知，产生一定心理控制效果。早在新石器时期，就有用这种方式进行伪装的行为。原始人佩戴一些兽头的帽子，穿用动物的皮毛，将自己伪装成野兽的样子。这样不仅能够起到保暖作用，通过伪装的方式，他们还可以更加靠近野兽，提高打猎的成功率。在现代的游乐园中，穿着玩偶服装的人，其目的并不只是为了装扮可爱，还有一个目的是通过这种可爱的装扮方式吸引一些游玩的人进行拍照，来满足游客的心理需要。这本质上是通过具体的一些服装特征暗示穿着的人的属性，将穿着者的个性特征进行模糊，达到伪装的目的，这样可以更好地进行控制。

（2）隐藏伪装的方式

隐藏伪装的视错方式主要是不想引起他人的注意，为了方便隐藏自己。这种视错方式可利用服装的方式进行隐藏，使人体形态有效地与周围环境进行融合，遮掩住身体，其目的是掩盖自身存在，迷惑潜在观察者的视线，进而实现自我保护和隐蔽的目标。例如野战的军服，具有隐蔽的作用。这类服装都是为了着装者可以与周围环境能够相容，欺骗敌人的双眼，达到保护自身的目的。

（3）改变外貌的方式

变貌视错在设计应用中的目的是增强反差，具有装饰作用。这种视错方式可赋予形态以一种新的属性，可以通过增加与周围环境之间的反差增强吸引力。巫师的装扮就是一个典型案例，他们运用独特的服饰造型和精湛的化妆技巧，弱化个人的特征，同时加入一些恐怖的装饰。这些装饰使人产生恐惧迷幻的视觉感受，可以达到震撼的心理效果。

第三节　服装设计的美学规律

设计美学是一门探究艺术设计在不同领域，如社会、自然和人文环境中的审美原则和创作流程的哲学学科。它深入分析艺术创作美的根本性质，并审视创作过程中各要素之间的相互作用。尽管各种设计领域可展现出多样的表现形式，审美的核心原则是普遍存在的。这些原则是人们在长期实践中观察、梳理并归纳出来的智慧结晶。理解和运用这些规律，不仅能够提升个人的审美鉴赏力，还能增强设计创新能力。特别是在服装设计领域，以下一些基本美学原则需要我们遵循。

一、单纯整齐律

"单纯"这一概念指的是构成元素纯净无杂质，不含有显著的差异或对比。"整齐"则意味着协调一致、恒定不变或遵循有序的节奏变化。秩序感是审美中的一个核心要素。例如，在阅兵仪式上，士兵们身高一致、着装统一、动作同步，可展现令人印象深刻的整齐与壮观之美。同样，在建筑设计中，规律布置的窗户和玻璃幕墙也可传达出一种整齐划一的视觉美感。在日常生活中，人们同样偏爱这种单纯而整齐的美感。比如，家庭居室的色调往往追求和谐统一，书架上的书也需排列得井井有条。宜家（IKEA）的收纳产品设计之所以广受欢迎，正是因为它们巧妙地满足了人们对生活和工作环境整洁有序的需求。在注重集体感和强调秩序及规则的社群中，统一的着装成为一种有效的方式。它不仅能让成员感受到自己是团队的一部分，从而增强集体归属感，同时也能给旁观者带来积极向上、充满力量的审美体验。

在服装设计的实践中，"单纯整齐律"意味着追求简练、协调和有序的视觉呈现。这一原则侧重于剔除不必要的装饰和繁杂的设计元素，以达到服装外观上的简洁和利落的目的。单纯整齐律的关键在于运用简化的设计策略，凸显服装的基本轮廓和构造，从而使整体造型更显和谐与美感。

在具体应用中，设计师可以通过多种途径来运用单纯整齐律。比如，选用单色调或基础图案，避免色彩和图案的过度堆砌，以此塑造清静且高雅的形象。同时，整齐的剪裁和对称的设计也是增强服装整洁度和专业感的有效手段。无论是正式场合的服装还是日常休闲装，单纯整齐律均可得到应用。通过简洁的设计，设计师可以传递出既简约又不失潮流的审美观念。

单纯整齐律在服装设计中占据着重要的美学地位，它能运用简练、统一和有序的设计手法，赋予服装纯粹而和谐的美感，进而增强视觉吸引力并提升穿着舒适度。

二、对称均衡律

对称均衡是指两个相对部分在数量上的均等所带来的稳定性。在造型艺术中，平衡涉及造型的基本要素之间既相互对立又相互依存的空间关系，可使整体的不同部分或要素组合起来，给人一种宁静和稳定的感觉。这一原则在许多领域都有应用，并且是设计师在设计中追求稳定性的基础。"如果只有形式一致，同一性的重复，那还不能组成平衡对称。要有平衡对称就须有大小、地位、形状、音调之类定性方面的差异，这些差异还要以一致的方式组合起来。只有把这种彼此不一致的定性结合为一致的形式，才能产生对称平衡。"[1] 对称均衡的美学理念强调，在存在差异和对立的情况下，设计师依然能够展现出和谐与均衡。这种美感既依赖于视觉感受，也涉及心理层面的体验。在设计实践中，只有当各个组成部分在感知上达到和谐平衡时，才能呈现整体设计的统一性和协调性。对称均衡是指导造型、色彩组合、比例设置、面积分配等多个设计方面的关键原则。

在服装设计的艺术创作中，"对称均衡律"发挥着至关重要的作用，它主张利用对称性和平衡感来营造一种和谐而美观的视觉效果。这一原则要求，在构思服装时，设计师必须细致考量左右两侧在形态、色泽以及图案设计上的对称关

---

[1] （德）黑格尔. 美学 第 1 卷 [M]. 朱光潜，译. 上海：商务印书馆，1996.

系，以此来保证整体造型的流畅性和一致性，进而避免出现任何形式的视觉失衡或混乱。

利用对称均衡的原则，设计师能够打造出既具有美感又穿着舒适的服饰。以设计一条裙子为例，设计师会采用中心对称的设计手法，在中心轴线两侧精心布局，以确保裙子的两侧，包括袖子、领口以及裙摆等细节在形态和装饰上都完美对称。这种对称性不仅赋予了服装整洁优雅的外观，还能增强穿着者的自我认同感和自信心。

除此之外，对称均衡在服饰搭配方面也扮演着举足轻重的角色。巧妙地运用对称的配饰和图案，能够增强服装的整体协调性。举例来说，一对对称的耳饰，或者一条具有对称元素的围巾，都能够使个人的穿着风格显得更加完整和和谐。

三、韵律节奏律

节奏，这一概念涵盖了重复的运动模式、稳定的节拍以及均匀的时间间隔，它是设计师展现动态的基本法则，也是自然界和社会活动中有序变化的体现。在视觉艺术的设计领域，节奏感可以通过多种方式实现，比如线条的流动、色块形体、光影明暗等元素的循环使用和相互叠加。通过精心设计的线条变化和形状组合，设计师可以引导观者的目光沿着特定的路径移动，创造出一种视觉上的律动感，进而影响观众的情感体验和心理反应。

服装设计作为一种艺术形式，占据了一定的空间，而且，其各个组成部分，如纽扣、口袋、领口的设计，或是裙摆的褶皱和动态的裙边，都能够引导人们的视线随着这些元素的排列和过渡而移动，从而营造出一种旋律般的视觉效果。

四、比例匀称律

比例主要描述两个数值之间的相互关系，它涉及整体与部分、部分与部分之间的比较和关联。它既包括质量比例，也涵盖形体比例。在美学领域，适当的比例是创造美感的基础。徐悲鸿大师在改良中国画时提出的"新七法"中，特别强调比例的正确性，以及要避免形象失调，如头重脚轻或肢体不协调等。同样，古希腊的毕达哥拉斯学派所推崇的"黄金分割律"，被视为美的比例典范，影响了无数艺术创作和设计理念。

在服装设计中，比例的应用尤为关键，衣长、分割线的设定、领口与整体的协调，以及纽扣的布局等都直接影响着服装的整体美感和穿着者的气质展现。通过精确的比例计算和巧妙的剪裁，设计师能够创造出既舒适又美观的作品，使穿着者在任何场合都能展现自信与魅力。

五、调和对比律

在艺术创作中，调和与对比是两种基本的表现技巧，它们分别代表了异中求"同"（统一）和同中求"异"（对立）的美学理念。调和是指在多样性中寻找共性，通过柔和的方式将不同的元素融合在一起，创造出一种平衡与统一的视觉效果。"桃花一簇开无主，可爱深红爱浅红"[1]描绘的这种色彩的温和过渡或是风格的协调融合，能够给人们带来视觉上的愉悦感受。对比则是在一致性中追求差异，通过鲜明的差异来强调元素之间的对立，从而增强视觉冲击力和艺术表现力。对比可以通过强烈的色彩对比、明显的光暗对比、大小形状的对比等手段来实现，其目的是让作品的某个特征更加突出，以增强观者的感知。总的来说，调和与对比都是为了强化艺术作品的表现力，提升作品的整体美感。

在服装设计领域，设计师们经常运用"调和对比律"来打造既和谐又具有视觉冲击力的作品。调和体现在设计师对色彩、图案和材质的精心搭配上，旨在创造一种和谐统一的视觉效果，使服装呈现出一种优雅的协调感。而对比则是在设计中巧妙地设置差异，以此来凸显服装的特色，增强其独特性，提高其吸引力。

具体来说，调和可以通过选择相近或相似的色彩、图案和面料来实现，使服装整体呈现出一种协调一致的美感。例如，使用不同深浅的蓝色调和出一种宁静而优雅的风格，或者通过相似的纹理和图案来增强服装的层次感和整体感。对比

---

[1] （唐）杜甫.杜甫诗集[M].长春：吉林大学出版社，2011.

则可以通过色彩、图案、面料质感等方面的差异来实现，例如，将鲜艳的红色与沉稳的黑色进行对比，或者将光滑的丝绸与粗糙的亚麻进行对比，从而在视觉上形成强烈的冲击力，使服装更具吸引力和表现力。

六、主从协调律

主从协调是指构成审美对象的各个审美要素应该有主有从、主从相协。协调与统一有近似之意，它们在范围上有着一定的区别。协调更多是指局部个体间的协调关系、整体与局部间的协调关系、安定与变化间的协调关系，是一种相对狭义的相互关系。在设计的过程中，协调性是构建统一感的基础。各个组成部分之间的和谐相处是保障整体一致性的关键前提。设计师在安排不同的设计元素时，要做到中心突出、层次分明，给人以鲜明深刻的印象，同时又要照顾到主从呼应、相互协调，使之成为一个主从协和的有机整体。在服装设计中，协调不仅体现为形状之间的协调，还包括大与小，色彩间的搭配，材料的质感与质感、格调与格调间的协调；此外，色彩与形状、色彩与材质、人与服装等相互之间也必须和谐。

七、多样统一律

多样统一即"寓变化于统一"，是审美的最高法则，任何形式的审美最终都要符合这一原则。各种设计要素的排列组合无论怎样丰富多彩、变化万端，都要显示出其内在的和谐统一。在设计构思中，为了达到整体的完美效果设计师必须对各因素认真细致慎重地选择。在选择的过程中，这些个体相互制约形成一体后会成为不可分割的统一体。所以，设计师要通过这些个体之间的联系、过渡给人以秩序井然的统一美感。此外，宇宙的运作同样遵循着统一这一根本法则，它是形式美的核心，融合了对比、比例、节奏和协调等原则，包括集中和支配两种重要形式。符合多样统一原则的就是富于美感的作品，它给予人的是快意、满足、完整及安心舒适感，可在展现多样化和变化的同时，保持内在和谐，满足人们对丰富而不杂乱、有序而不单调的美学追求。

多样统一律强调设计师在服装设计中既要追求元素的多样性，又要保持整体的统一性。具体来说，它要求设计师在创作过程中，通过不同的色彩、图案、面料和款式等元素的巧妙搭配，创造出既丰富又协调的视觉效果。

多样统一律的核心在于平衡。设计师需要在变化与统一之间找到一个恰当的平衡点，使服装既有个性和新颖性，又不失整体的和谐感。例如，在一件服装的设计过程中，设计师可能会使用多种不同的图案和色彩，并通过巧妙的布局和色彩搭配，使这些元素在视觉上形成一个有机的整体。

此外，多样统一律还体现在服装的细节处理上。设计师可以通过在服装的不同部位使用相似的装饰元素，如纽扣、褶皱或刺绣等，来增强服装整体的统一感。同时，通过在某些部位引入新颖的设计手法或材料，设计师可增加视觉的多样性，使整件服装更具吸引力。

第三章　服装设计中的服装材料审美

本章为服装设计中的服装材料审美，具体阐述了服装材料的概念与分类、服装材料审美艺术的构成要素、服装材料审美艺术的基本特征、服装材料审美构成与创新以及服装材料艺术与服装设计的融合。

第一节　服装材料的概念与分类

一、服装材料的概念

服装材料是构成衣物的各种材料的总称，其定义可以从广义和狭义两个层面得到阐述。广义上，服装材料涵盖了所有用于包裹人体或某部位的物品，不仅包括人们日常穿着的各种服装，还涉及与之相配的配件和装饰物；狭义上，服装材料则专指用于制作服装的原材料，如天然纤维和人造纤维，它们可以制成线、布料或者其他形式。这些材料的选用对服装的外观、手感、舒适性、耐用性和功能性都有决定性的影响。为了打造高品质的服装，设计师选择适宜的材料至关重要。设计师和制造商需依据服装的设计风格、预期用途以及目标消费群体来精心挑选最匹配的材料。

在服装设计中，设计师们往往在传统纺织纤维的基础上进行创新性的加工，同时积极挖掘自然界中的各种材料资源。他们会深入探索服装材料的艺术设计潜力，以增强服装设计的多样性、创新性、自然感、生态意识和现代气息。这不仅能拓展服装设计的表现手法，也可为服装材料的艺术美感增添新的维度。在设计过程中，设计师注重将材料的天然艺术特质与个人的独特创意相结合，并融入更多的设计理念。这种融合可极大地扩展服装设计的艺术创作空间，突出设计的艺术个性，并赋予服装材料和设计以鲜明的时代感和生动的生命力。

二、服装材料的分类

服装材料有多元化的分类体系。依据织物的制作工艺，我们可以将它们划分为机织物、针织物、非织造物、编织物以及皮革等。若根据材料的外观和触感来区分，则有棉质织物、麻质织物、丝质织物和毛质织物等，这些通常是指用天然材料纯纺、天然纤维与其他化学纤维混纺或者纯化纤材料仿天然织物肌理的织物。

随着现代社会对"生态服装"和"绿色服装"的推崇，天然材料已经逐渐成为时尚界的新宠。特别是那些经过改良处理的天然材料，它们不仅保留了棉、麻、丝、毛等天然纤维的透气性和美观性，同时也具备合成纤维抗皱和不易变形的特性。此外，这些材料在生产、加工、使用乃至废弃处理的整个生命周期中，都符合环保标准。

（一）棉麻材料

棉麻材质以其朴素典雅和回归自然的特质而备受青睐。在视觉和触感上，这两种材料各有千秋：棉质产品触感细腻柔滑，其表面光泽温润内敛，易于上色且牢度强，但易皱易变形；麻料手感粗糙，易起皱，悬垂性差。

棉麻材料因其承载着田园的宁静与怀旧的温情，日益受到服装设计师们的青睐，尤其是原本白色的棉麻，更加贴近大自然，可彰显质朴与脱俗等特点，这是奉行朴素美学（极简美学）设计理念的设计师最喜欢应用的材料。

棉麻材料易于起褶皱的特点，也得到了设计师们的利用，各种自然褶皱就应运而生了，如拧花皱、自然皱等。

在棉麻材料上可施展的装饰技艺繁多，其中最为流行的包括刺绣、扎染、蜡染、手绘、撕布等，如：在牛仔布的创意设计当中，多种手法都可以得到应用。

特别是扎染技术所创造出的色彩渐变效果，不仅能彰显浓郁的民族风情，同时也可融入现代时尚的气息，这种技术在近年来的服装设计界中极为流行并受到广泛喜爱。

（二）丝绸材料

丝绸材料具有高贵华丽、浪漫唯美的梦幻美感。从薄如轻烟的透纱，到色彩浓重的锦缎，丝绸材料品种繁多，包括绫类丝绸（如素绫、广绫）、罗类丝绸（如杭罗）、绸类丝绸（如斜纹绸）、缎类丝绸（如古香缎、织锦缎）、绉类丝绸（如双绉）、绢类丝绸（如天香绢）、绒类丝绸（如乔其立绒、金丝绒）等。其织物肌理也是从细腻到粗糙，既可以塑造轻盈飘逸的软质感，也可以制造具有金属光泽的硬质感。桑蚕丝织就的面料色泽纯净而细腻，其光泽温婉而璀璨，触感滑爽且柔软，洋溢着一种高贵奢华的气息，常被用作高级定制服装的首选材料。相较之下，柞蚕丝制成的织物色泽偏黄且光泽较为黯淡，其表面质感略显粗糙，手感虽柔和却不够清爽，略带一丝涩感，但它以坚固耐用的特性和更为亲民的价格，成为中档服装以及时尚服饰的常用面料。

丝绸材料的图案设计较之棉麻材料色彩愈加丰富，花型也更为繁丽，因此产生了花园美学的理念。这种来自大自然的图案，优美绚丽，令人过目难忘。

在丝绸材料上进行装饰，常见的手法有手绘、刺绣、扎染、印花、褶皱等。混搭风尚的兴起，使丝绸与毛皮等相异材质进行结合，呈现出多变的视觉效果。

丝绸肌理的多样性，也决定了材料最终的装饰效果。在飘逸柔美的雪纺上加入蓬松抓褶、立体花朵等元素，可使服装风格轻盈优雅；运用层叠的手法，会更加突出雪纺的飘忽感觉；运用雪纺的薄透质地与多变的色彩，可产生若隐若现的透纱效果，这是设计师们最常用的手段。闪亮的绸缎类材料，融入透与不透的虚实条纹和浓淡渐变的色彩，可呈现出轻盈多变的空间造型；具有浓郁东方风情的精美刺绣和印花更加能衬托出丝绸的浪漫而华美风尚。

现代丝绸赋予了服装设计师们无限的创作激情，并表达了更多的时尚语言。

（三）毛呢材料

毛呢材料具有较强的塑形性与温暖感。毛呢分精纺与粗纺：精纺毛织物拥有清晰的纹理，色彩既鲜艳又柔和，其结构紧凑，触感柔软顺滑，同时具备良好的挺括度和弹性。而粗纺毛织物则以其厚重的质地和饱满的手感著称，结实耐用，不易发生形变，并且具备出色的保暖性能。现今毛呢材料的总趋势是：质地趋薄、手感趋软、花色趋多、用途趋广，这打破了传统毛呢"厚、硬、重"的外观效果。

传统毛呢材料的挺括与厚度，使服装造型免于烦琐，它以简单的、理性的外轮廓线为主。简单造型是指没有过多的堆叠与繁丽的抓褶，整体造型流畅而理智。但针对高科技的超薄型毛呢材料，设计师可以进行较复杂的空间造型设计，而且其造型极具张力感。

毛呢材料的装饰手法非常丰富，如进行刺绣装饰，设计师既可以进行细腻的丝线绣，也可以进行粗犷的绳绣和布绣。若设计师进行缝缀、镶嵌装饰，其花样与手法更加多样，既可以与轻盈的蕾丝、丝带结合，又可以采用皮革与皮草的镶边、缀饰等手法。

（四）针织材料

针织材料，具有优良的弹性与延伸性。针织材料包括纬编和经编两大类。

纬编针织面料的原料通常包括低弹涤纶、异形涤纶、锦纶、棉纱或毛纱等，这种材料由人们通过平针、提花或毛圈等编织技术在纬编机上制成。纬编织物种类繁多，其触感柔软，耐磨损，且普遍具有较大的延伸性和弹性。但其织物较为松软不够挺括，其织物结构不稳定，线圈容易分离，衣角边边容易卷曲。

经编针织面料的原料一般为涤纶、锦纶、维纶、丙纶等合纤长丝，此外还包括棉、毛、丝、麻、化纤及其混纺纱。这种面料的优点在于其纵向尺寸稳定性强，织物结构普遍紧密且挺括，不易脱散，织物边缘也不易发生卷曲，同时它还拥有良好的透气性。然而，与纬编针织物相比，它在横向延伸、弹性和柔软性方面稍显不足。

针织材料适用于立体造型与软造型。针织材料舒适、贴身合体、无拘紧感，能充分体现人体曲线，因此常被应用于适体服装造型。软造型是指蓬松而柔软的造型线，针织材料的随性使得服装整体观赏效果并不规整，洋溢着温和而低调的美感。

有时候，设计师利用针织材料的缺点，还可以创造出意外的视觉肌理效果。如利用针织材料的卷边性，故意露出卷起的边缘，产生一种自然、随意的特殊效果，这种做法别有一番新意。

常用的针织材料的装饰手法包括系扎、拼接、吊挂、压花等。其中条纹拼接就利用了针织材料的纹理走向与色彩变化。现代针织面料不仅强调各种肌理与新型材料的开发，还趋向于多元的图案与迷幻的色彩，这就给针织材料带来了前所未有的视觉与触觉效果。

（五）皮革材料

皮革，具有野性与典雅相融的风韵。皮革的种类繁多，包括山羊皮革、绵羊皮革、牛皮革以及猪皮革等。在这些皮革中，绵羊皮革较为柔软，但在纤维的细致程度和强度方面不及山羊皮革，因此山羊皮革通常是皮革服装首选面料。山羊皮革的特点是表面细致、手感柔软，有一定的韧度与弹性。

在皮革传统的风韵之中，现代设计理念又赋予了皮革更多的气质，主要表现在皮料变得更薄、更软，色调更明快、更多元，也更加强调装饰审美等方面。

皮革的后整理技术越来越多样，且更具时尚感。在皮革上进行的植绒、雕花、压花、压褶、烫花等机械技术，可使传统的光面皮革呈现出五花八门的肌理形态与多样的色彩组合。如今在皮革上，设计师还采用了一些原来用于丝绸材料的装饰手法，如刺绣、缀珠等，这使野性的皮革又增添了优雅的成分。此外，在皮革上进行涂层处理，会使之产生更加强烈的光感，这种效果可增强皮革的青春与帅气感。这些现代的装饰手法，不仅改变了皮革的设计定位，还丰富了皮革的风格情调。

总之，皮革材料的设计已经摆脱了单调、凝重的原始风格，呈现了优雅、性感、青春、果敢等富于变幻的现代风格。

（六）皮草材料

皮草，具有非同寻常的艺术表现力和张扬的美感。皮草的种类，根据其奢华程度包括以下几种等级：第一级是最具奢华感的小毛细皮类，也是最昂贵的一级，主要包括紫貂皮、水獭皮、麝鼠皮，还有水貂皮等，其毛被细短柔软，光泽感非常好，适于做皮草大衣等。第二级是具有高贵感的大毛细皮类，这一类主要包括狐皮、貉子皮、猞猁皮、獾皮等，这些皮革的特点是它们的面积较大，因此非常适合用来制作皮草大衣、斗篷等。第三级是粗毛皮类，常用的有羊皮等，光泽感不强，具有休闲感觉，常被用作皮草大衣、男装中的衣里、背心等。第四级是较低档的杂毛皮，适合做服装配饰或时尚装，价格较低，常见的就是兔皮。第五级是仿皮草类，仿皮草是人们通过多种类型的化学纤维混合而成的，幅面较大，可以染成各种亮丽的色彩，并可以仿制各类动物毛皮的外观，价格低廉，不过没有真皮草的天然光泽感和舒适感。

皮草服装具有超乎寻常的奢美雍容感觉，即使其色彩与款式再低调，也会具有张扬的美感。皮草的艺术表现力，主要表现在其特有的层次美感上，设计师应用独特的拼接或连缀手法，可利用不同的毛色、剪毛与长毛皮结合形成厚与薄、长与短、粗与细、深与浅的动感效果。皮草的设计越来越追求张扬而不失内蕴，时尚而不媚俗。

皮草的装饰手法也具备多样性，如编织、镂空、混搭等。混搭就是皮草与其他材质进行更加自由与多元的结合，它突破了传统的高贵与典雅，使皮草亲民化、年轻化。这种创新的结合方式保持了皮草的奢华本质，还融入了现代时尚的潮流元素，展现出既时尚又不失个性的现代风貌。

（七）环保材料

随着自然环境的不断恶化，人们的环保意识逐渐增强。近年来，可再生的环保纤维成为一大主流，这些材料既要具有时尚感，还要符合生态的要求，主要代表就是可再生可降解的玉米纤维、牛奶纤维、大豆纤维、竹纤维等。玉米纤维制成的织物，既有棉织品的柔软手感，还具有丝织品的天然光泽与悬垂感。大豆纤维具有羊绒的手感、丝绸的光泽，牛奶纤维制成的面料质地轻盈、手感柔软、滑爽，具有极好的亲肤性。由设计师海伦·斯道瑞和科学家汤尼·莱恩合作研发的"奇境"系列时装一旦被放入水中，就会自然地溶解，其颜色会在水中慢慢地晕染扩散。

（八）高科技材料

现代的服装材料向多功能性发展，市场对面料的需求已经不限于舒适性和美观性，而是扩展到了更多层面，如不用烫拉、易于护理、杀菌抑菌、保暖透气、防风防雨、防油防污、防蛀防霉、防紫外线、防静电、防辐射的能力，以及具有环保效益等。高科技材料还具有其他智能化的特点，如银纳米粒子制成的自动清洁服装以及帮助肌肉运动的运动 T 恤等。

高科技材料原料结构的档次逐渐提高，类型逐渐丰富。这一面料融合了人造纤维与天然纤维，并且研究人员对新纤维的研发和应用给予了高度重视。特别是超细纤维的涌现，以及 Tencel、Modal、Lycra、Tactel 和醋酸纤维这五种新型纤维的生产应用，极大地促进了化纤织物在吸湿透气性和柔软悬垂性方面的改良。此外，Coolmax 纤维，这一由美国杜邦公司设计的材料能使人体活动产生的汗水迅速排至服装表层蒸发；而"罗维尔"和"超微粒"抗菌纤维，这一由英国考特尔公司研发的纤维材料能有效去除异味，使身体保持清爽。

高科技材料的风格、款式以及生产技术正朝着多样化和艺术化的方向演进。

通过巧妙地将不同质地和特性的多层织物融合在一起，研究人员创造出了一种综合性更强的复合材料。这种多层面料的组合不仅拓宽了其应用范围，还显著提升了服装穿着的舒适度。同时，这种创新的复合材料在视觉效果上也可展现出更高的审美价值，能为服装设计提供新的创作灵感和方向。纵观历代服装史，许多设计大师都曾经将一些高科技材料成功地运用到服装设计中。20 世纪 50 年代，巴伦夏加、朗万·卡斯蒂诺对马海毛的应用使针织服装设计出现了新的局面；1958 年涤纶织物的发明和应用，使百褶裙等设计新品的产生成为可能；20 世纪 60 年代，前卫设计大师帕柯·拉邦奴推出了塑料女装、金属女装和纸制女装。

2000 年春 / 夏季，渡边淳弥使用了日本的高科技面料——超轻、防水微型合成纤维。穿着此款连衣裙甚至可以让人在雨天随意穿行于城市之中。其连衣裙底层是印着橙、灰、棕三色方格花纹的聚酯纤维面料，上层用透明薄膜做出褶皱并配有防风帽。

津村耕佑设计了一款名为"最后的家园"的尼龙外套。它有超过 40 个之多的口袋，被视为都市生活中的冲锋衣。例如，将这件外套的口袋用报纸填满，它就可以变成一个既温暖又便于移动的"家"了。

步入 21 世纪，环保意识和人性化意识逐渐增强，服装界又推出了一批批的绿色材料。新材料的运用是设计师发掘服装材料艺术表现特质的一种途径，更有许多设计师大胆想象，运用了很多陌生而熟悉的非普通意义上的服装材料来制成服装，如涂层织物、闪光织物等高科技面料，他们甚至把橡胶、铁丝、藤条等本不属于服装的材质也用于设计中，其艺术效果是令人震撼与惊叹的。

总之，服装材料审美在现代服装设计中越来越重要，服装设计以材料为载体，其设计形式必须依托于材料特性，而材料的分类与材料审美属性、审美潜质和审美创造，拓展了服装艺术的审美空间。特别是随着现代物质文明的飞跃发展与观念变革，人们审美姿态的不断更新和复杂、新型服装材料的开发和广泛运用、高科技的生产和制作，以及服装材料与设计的艺术审美相互融合将铸造出更加斑斓多彩、具有丰富现代个性、能表现时尚与科技文明的服装设计艺术世界。

第二节 服装材料审美艺术的构成要素

服装材料的审美艺术实际上是服装设计师对各种可感知的材料进行的一系列艺术评估、鉴赏、创新和构思活动。这些活动不仅给人们带来了审美上的愉悦感，还能为人们带来物质和心灵上的满足。服装材料的审美艺术不仅彰显了设计师的艺术追求和风格，而且随着现代社会物质文明和文化的不断发展，其内涵和外延也在持续丰富和扩展。

从艺术设计的视角出发，服装材料的审美要素可以被概括为三个主要方面：材质特性、色彩运用以及装饰手法。

一、材料的材质审美艺术

服装材料的"材质"这一术语的含义往往较为宽泛，它通常指材料的质感或质地，如材料的外观和触感。材质的审美艺术注重材料固有的质感与服装设计的整体风格相协调，即将材料的质感和色彩和谐地融入服装的整体概念中。材料的外观形象涉及材料表面的细腻程度、光滑度、垂感、立体感以及纹理等肌理特性。例如，材料可能展现出自然柔和的光泽，也可能显得生硬刺眼；材料的颜色可能鲜亮夺目，也可能暗淡无光；材料的表面可能平滑如镜，也可能布满凹凸纹理。材料的手感质地是指人们触摸材料时的感受，如材料的粗细、厚薄、滑爽度、黏稠度、柔软度和弹性等，通常表现为材质的紧密与松散、体积的轻盈与厚重，以及触感的灵敏与迟钝等。

材料的触感特性，也就是人们常说的质感，它深受材料本身的成分——纤维特性的影响。以蚕丝为例，这种材料的纤维构造与众不同，触感柔软舒适。相比之下，麻质材料由于其纤维较坚硬且表面较为粗糙，通常会给人一种坚韧、有气魄的印象。

织物的质地不仅由其所用纤维的特性所决定，更受其材料表面纹理的影响。纺织工艺的多样性创造了各式各样的纹理，这些纹理极大地丰富了人们的触觉和视觉体验。以平纹织物为例，它采用基础的交错编织方法，可展现一种均衡的平滑感，营造出一种清新脱俗的美术风格。而斜纹织物则利用斜向交织技术，塑造了一种起伏有序的纹理，使织物更具立体感、触感更独特。再比如缎纹织物，其特点是拥有较长的浮线，更具光泽感，触感柔软而细腻。至于提花织物和双层起绉织物，它们可通过精细复杂的编织手法，创造出一种层次分明、立体感较强的纹理效果，其质感独特，且能满足人们视觉上的享受需求。

在织物的后整理加工过程中，人们常常利用各种手段来进一步改变材料的质感特征，以满足不同的使用需求和审美要求。例如，起绒工艺可以使织物表面形成一层柔软的绒毛，以增加其保暖性和柔软度；起毛工艺则可通过刷毛处理，使织物表面形成一种毛茸茸的感觉，以增加其温暖感和舒适度。水洗工艺则能通过水洗处理，使织物变得更加柔软，同时还能产生一种自然的旧化效果。仿丝工艺则能通过特殊的化学处理或表面涂层，使织物表面具有类似丝绸的光泽和触感，从而提升其质感和档次。

总之，材料的质感是由多种因素共同决定的，包括原料纤维的性质、织物的表面纹路以及后整理加工的工艺等。通过对这些因素的综合考虑和巧妙运用，设计师可以创造出各种不同质感的材料，以满足人们在不同场合和需求下的使用和审美需求。

二、材料的色彩审美艺术

色彩作为生活中无处不在的视觉元素，它能以最直接和广泛的形式展现美的存在。在时尚设计的领域中，色彩的作用尤为突出，它往往能够在第一时间吸引人们的目光。通常情况下，人们在欣赏一件服装时，首先映入眼帘的是其色彩，随后才会关注到服装的面料、剪裁和工艺。因此，色彩在很大程度上决定了服装的吸引力大小，是激发人们审美愉悦的首要条件。

色彩并非孤立存在，它需要依托于特定的材料。在不同的材质上，即便是相同的色彩也会呈现出不同的视觉效果。在天然纤维织物中，棉织物以其朴素自然的特性，更能衬托鲜明的色彩；而麻织物则以其清爽而朴实的外观，更适合展现淡雅的色调。毛织物和丝绸织物这两种材料，前者能给人以柔软丰满的感觉，后者则可展现出奢华细腻的特质，无论是淡雅还是浓烈的色调，两者都能驾驭自如。皮革制品光泽感较强，硬度较高，因此适合深色调；而裘皮则具备美观轻柔的特质，更适用于鲜艳的颜色。化纤织物，因其结实耐用、抗皱免烫的特性，能够广泛地适应各种色彩。

在服装设计领域，不同材质的表面特性对色彩的表现有着显著的影响。那些表面平滑且光泽度高的材料，例如软缎和带有金属涂层的面料，它们能够有效地反射周围环境的色彩和光源，这使它们成为晚宴礼服、舞台表演服装以及各类演出服设计的理想选择。相反，那些质地较为粗糙且松散的材料，如粗纺羊毛、针织品、麻质布料以及各种棉质面料，它们的色彩不易受到环境和光线的干扰，因此更适合被用于工作服装以及休闲装等。透明材质在色彩运用上具有独特优势，通过巧妙的层叠设计和多色搭配，设计师可以营造出丰富的层次感。在绒面材料中，天鹅绒以其奢华、富有光泽著称，平绒则能给人以沉稳朴实的感受，而桃皮绒以朦胧柔和的质感吸引着人们的目光。对于绉类等具有浮雕感的材料，由于其表面纹理凹凸有致，设计师在色彩的选择上应尽量倾向于简约，主要选用单色或相近色系。

三、材料的装饰审美艺术

材料的装饰是指那些在基本材料上添加各种设计元素，常用的装饰手法包括皱褶、刺绣、印花、贴花以及镶滚等。服装业的不断进步，以及新材料和先进技术的应用为服装材料的装饰带来了革命性的变化，不仅丰富了材料的种类，也提升了质量。在服装设计和制造过程中，这些装饰性元素越来越受到青睐。例如，通过添加蕾丝或是皱褶，一件基础款衬衫立刻变得有趣且富有细节；而一件基础面料，一旦点缀闪亮的珠片或刺绣，便能立刻提升其整体魅力。应用装饰不仅是提升服装审美价值的常用策略，也是增加服装商品附加值的有效手段。

在现代服装制造业中，出现了一种"后装饰"的趋势。所谓服装的后装饰，是指在服装生产完毕并准备出货前，设计师对其进行的二次设计加工。在这个阶段，设计师会根据最新的设计理念和市场趋势，为服装注入新的时尚元素和个性化特征，以满足特定消费者群体或个人的风格偏好和审美需求。同样，此类装饰仍然需要将服装材料作为载体和物质属性加以表现。

国际上有很多知名的设计师，如拉夸、加利亚诺等巴黎高级女装设计师都非常擅长运用装饰手法，使自己的作品熠熠生辉。

服装材料的审美构成三个方面各有自己的特点和优势，彼此之间是相互影响、相互制约与相得益彰的。不同的装饰和色彩可以使材料呈现不同的质感；而不同质地的材料如果运用同样的色彩和装饰，所得到的效果也会迥然不同。同样，一样的装饰用在不同色彩或不同质地的材料上，其结果也会大相径庭。所以，这三个构成要素之间如何协调搭配是材料审美设计能否获得成功的关键。

第三节　服装材料审美艺术的基本特征

服装材料，作为设计表达的基础，首先会显露出其物理层面的特质，它本质上承载着潜在的美学价值。一般情况下，人们可借助感觉、知觉、体验、思考来对物质进行审美评价。服装材料本身所具备的美学属性是丰富多样的，能够通过多个视角来展现。从主体对客体的审美心理过程反应情况来看，服装材料不同于自然界其他的一切材料，其特定属性是运用于服装，从属于保暖、遮羞、审美的性质；在审美层面，服装材料更侧重于视觉和触觉的艺术表现。在视觉上，服装材料的审美形态体现为人们对其外观的直观感知、心理反应以及对材料表象艺术价值的评判；在触觉上，则体现为人们对材料特性的鉴赏和对材料深层属性的评估。因此，服装材料的审美艺术融合了视觉和触觉的双重特性，两者不可分割，交相辉映，相融互补。以往材料艺术审美多在材料组合中强调视觉特征的质感对比及触觉特征的肌理造型变化，在这两者之中，离开任何一方去探讨材料的艺术审美都是没有意义的。所以，对于服装材料的审美艺术来说，重要的是如何挖掘和扩展材料在视觉和触觉上的个性美与组合构成上的形式美。

一、服装材料审美艺术的视觉特征

服装材料的视觉属性涉及材料呈现出的外观效果，指当人们观察这些材料时所产生的直观感受。可以说材料的光泽、视觉肌理、人的心理感觉共同构成了服装材料审美艺术的视觉特征。

（一）材料的光泽

光泽是光线在材料表面的反射所产生的视觉印象。服装材料依据其表面对光线的反射能力，包括强光泽、柔光泽、无光泽几个级别。

1. 强光泽材料

强光泽材料，也称作光泽型材料，其表面平滑亮丽，能够产生显著的视觉冲击。强光泽材料在时尚界中极具表现力，其光泽所带来的流动感能够给人们带来华丽夺目的视觉刺激和无拘无束的心理感受。运用涂层技术，设计师能够提升织物表面的光滑程度，为面料带来全新的外观和触感，从而使原本纹理较为简单的材料更加现代化。例如，在皮革上应用金色涂层技术，可以极大地增强其视觉吸引力；而在纯棉布料上进行光泽处理，能够使面料更加豪华闪亮，还可提升其时尚魅力。

在服装设计中，打造光泽感已成为一个重要的流行趋势，特别是基于未来主义风格的兴起，光泽感更是受到了设计师们的广泛喜爱。

2. 柔光泽材料

相较于强光泽材料，柔光泽材料的视觉冲击力较小，在触感和视觉上都更为亲切和舒适，且能传递出一种女性的温婉与柔美，令人乐于反复欣赏。将褶皱设计运用在柔光泽材料中，可以使材料更为流畅，还可赋予自然而随性的光影变化，进而营造出一种含蓄内敛又不失高雅的美感。

3. 无光泽材料

无光泽材料通常可传达出温暖质朴的感觉，例如纯棉织物和毛织物，它们往往能吸收光线而不反射。这类材料在视觉上最为含蓄，是服装业中最常使用的材料之一。在艺术创作中，光泽对比作为一种装饰技巧被广泛应用。将两种或更多种材料结合，即便颜色相同，不同光泽感的材料也能够产生显著的视觉吸引力。

（二）材料的视觉肌理

材料的视觉肌理是指材料表面的纹理效果，这种效果涵盖材料表面的平滑度、编织纹理的特征、图案纹理的粗细度等。视觉肌理通常被划分为两类：一类是隐性肌理，或称为自然肌理；另一类是显性肌理，也就是人造肌理。

面料最初的视觉效果源自纤维的特性和编织结构的变化，这些因素共同作用形成了粗细、厚薄、轻重等不同的肌理特征。这种原始的视觉纹理通常被称为隐性肌理或自然肌理。

通过对自然肌理进行加工处理，设计师能够使面料表面产生凹凸感、密度变化和明暗对比，从而提升其艺术吸引力。这种经过加工的肌理通常被称为显性肌理或人工肌理。与隐性肌理相比，在视觉上的冲击力通常更为强烈，装饰性和表现力也更强。对于利用织印、手绘、喷绘、扎染、拼贴、刺绣、镂空等技术创造的图案肌理，设计师往往会运用动植物造型等令人愉悦的元素，从而引起人们的共鸣，给人们带来心理上的满足。而机械压制形成的褶皱或手工堆砌的褶皱，不仅具有较强的立体感，还能产生丰富多变的光影效果，具有高度的空间美感。

（三）材料的心理感觉

材料的心理感觉是指人们在观察材料的外观时，在心理上形成的一种直觉反应。这种感觉可以被细分为多种不同的类型。

1. 温暖感与冰冷感

这里所讲的温暖与冰冷感觉不是指生理感受，而是指人们在观察材料的外观时，产生的心理上的温暖或冰冷感受。

通常情况下，粗糙的材质往往伴随着较弱的光泽，甚至完全没有光泽，纯度较高的颜色往往会给人们带来温暖的感觉；相对地，平滑细致的材质通常具有较强的光泽度，明度较高的颜色，可给人以冰冷感。也就是说，材料的质地越光滑，光泽感就越强，光泽感越强，冰冷感也就越强烈；材料的质地越粗糙，光泽感就越弱，光泽感越弱，温暖感就越强烈。影响材料温暖或冰冷的因素还包括许多方面。例如，精细的几何图案、质地坚硬的材料、锋利的线条等，都可增强材料的冰冷感。

在探讨服装材料的心理感受时，棉布及呢绒类材料通常会给人以温暖感，而丝绸及皮革类往往让人感觉冰冷。值得注意的是，即使是相同的材料，经过处理后，我们也能够改变其冷暖属性。举例来说，经过砂洗处理后的丝绸，其表面可出现类似桃皮的纹理，这时，丝绸便呈现出温暖的氛围。同样地，棉纤维与化纤混纺面料经过金银镀层处理后，会给人以冰冷感；但如果这些面料经过了起绒或拉毛的处理，它们又会变得温暖。在冰冷的皮革上进行植绒、印花和装饰色彩繁丽的刺绣，也是为了增加其亲和温暖感。因此，加工技术的高度发展和装饰艺术的广泛性，可以使服装材料的质感更加多姿多彩，也能使人们的审美心理也得到满足。

2. 柔软感与硬挺感

材料的柔软感或硬挺感，是基于人们对其质地的主观心理反应而产生的。柔软的材料相对轻盈，具有良好的悬垂性，能够塑造出流畅而自然的造型，其主要包括轻软的丝绸、棉料与针织等。硬挺的材料质地硬而平整，边缘分明，能够赋予造型以空间感和立体感，其主要包括具有一定厚度的毛料、麻料、皮革等。

具有柔软感的材料适用于立体造型和软造型，尤其是软造型中常用的皱褶与围裹手法，主要是为了表现一种流畅与随意的自然美感。不过正因为随性，过多的不确定造型有时会让人产生邋遢的感觉，因此设计师要适量采用软造型中的一些装饰手法。

硬挺的材料在空间和饱满的外轮廓的造型中非常适用，可使造型坚固稳定，但较重的量感又约束了其造型手法的多样性，如不宜进行过多的堆叠，尤其是较厚重的毛料，适合制造简洁的外轮廓造型。不过其硬挺性又使材料可以进行比较烦琐的缝缀等装饰工艺。

柔软和硬挺的材料结合使用，能够创造出鲜明的视觉反差，这在现代设计中已成为一种流行趋势，如硬挺的皮革与柔软的丝绸相接，这种极端对比可以产生令人难忘的视觉效果。

3. 华丽感与朴素感

华丽感和朴素感，是指材料外观给人的华丽或朴素感觉。

华丽或朴素的感觉，与材料的质地与光泽、材料色彩的纯度与明度有着直接的关系。光泽度较高的材料通常更为奢华精致，且色彩丰富，反之亦然。如华丽的丝绸、朴素的棉麻、奢侈的皮草、质朴的粗毛呢、精细的质地、柔和的光泽、靓丽的色彩，再加上夸张的堆褶和精美的刺绣、镶珠、蕾丝等，都构成了材料的奢华感；相反，质地粗糙、色调自然、装饰简约朴素等即为材料的朴素感。

巧妙运用材料的华丽与质朴的对比感觉可以增加艺术审美性，如在皮草设计中运用拼接或编织手法，并结合质朴的绳线，可以使皮草更加具有亲和力；在具有轻薄、爽滑感的材料上进行巧妙的层次组合，将纱质面料、丝光面料和皮革进行组合，会使纱质材料显现出高贵感。

4. 弹性与非弹性

弹性与非弹性，主要是指材料的伸缩性。具有弹性的材料不光包括针织材料，还包括弹力棉等材料。弹性越强的材料，其延伸性也往往越显著，其制成的衣物更舒适，这种特性能够更好地展现穿着者的身材。相比之下，非弹性材料需借助接缝、收省等工艺手段，才能达到理想的适体效果。

与非弹性材料相比，弹性材料因具有伸展性与不确定性，更具时尚表现力，且能创造出更自由随性的造型。也正因此，尽管弹性材料的加工过程相对烦琐，这一材料仍受到设计师们的青睐。在弹性材料与非弹性材料的装饰中，即使手法相同，两者呈现的效果也会有显著差异。

运用不同材料的弹性与非弹性，如针织材料与非针织材料的弹性对比，采用拼接、系扎、围裹等手法，可以得到松与紧、简与繁的肌理与造型对比，既能体现整体的创意外观，又能突出弹性材料的柔韧性与多变性，以及非弹性材料的塑形效果。

5. 透感与非透感

透感与非透感指材料的透明程度。透感材料以其轻薄的质地和神秘的气息，常常被用来营造一种优雅而梦幻的氛围。通过层叠相同颜色的透感材料，设计师能创造出层次分明的透明效果，使色彩明度或高或低，还能带来一种朦胧而柔和的美。层叠不同颜色的透感材料，能够展现出丰富多彩的变化，进而极大地提升其艺术观赏价值。

在非透感的材料外面罩上透感的薄纱，是设计师最喜欢应用的手法。如透感材料衬在同色系的非透感材料外面，朦胧美感之中透着柔媚的女性美。如果在透感与非透感的对比之中再加上硬挺与柔和、华丽与朴素的对比，其视觉效果会更加强烈。

材料的艺术风格传播着一种愉悦而健康的情绪，能带给人或活跃，或沉静，或自由的心理感觉，可以说这种艺术效果能产生更高层次的情感升华。设计师应熟练运用材料的视觉特征，并延伸出更多的情感因素，如甜蜜、沧桑、青春、激情等，这样的材料艺术才会带给观赏者更加亲和的情感共鸣。

二、服装材料审美艺术的触觉特征

服装材料的触觉特征是指人的触觉器官与材料接触时，人对织物进行触摸所产生的具体感觉。触觉特征中一部分是所见的客观的表面特征，另一部分是人的主观的感受。客观的表面特征主要表现为材料的细腻、粗糙、软硬、弹挺的程度，随之产生的主观感受，就是材料的软硬、疏密、体积、重量等感觉。对材料的触觉特征产生直接影响的就是材料的触觉肌理，用手实际触摸就能感觉到的肌理，都可以被称作触觉肌理。人们一般所说的质地、触感、手感、织法、纹理等，都属于这个范畴。

（一）原有的触觉肌理

原有的触觉肌理指材料本身所具有的触觉肌理。原料的性能、织物组织结构和后整理的技术等，共同构成了材料的原有肌理。如丝绸大多柔软、细滑；麻料则刚性、粗犷；提花组织、绉组织立体感强；起绒、起毛、水洗、磨砂等整理可以使织物柔软。

现在的纺织技术越来越重视材料肌理的设计，肌理纹样的变化也是日新月异。比如设计师可以直接运用机器在平布上进行镂空、镶缀、堆花等肌理操作。只不过受条件所限，其肌理形式不可能过于夸张和复杂。设计师们的材料审美创意极大地影响着纺织技术的发展，甚至可以说现代纺织技术是在设计师们的引导下产生的，同时原料肌理形态的艺术化也给设计师们提供了更大的创造空间。

（二）改变的触觉肌理

改变的触觉肌理指改变原有肌理特征的触觉肌理，其主要包括两方面的改变，即改变材料自身结构的触觉肌理和在材料原有基础上进行装饰的触觉肌理。

前者是指材料本身经过加工工艺后，在表面所形成的抽缩、皱褶、堆叠、镂空等现象，所对应的各种具有半立体感或立体感的触觉肌理。设计师可利用材料的层次变化以及触觉肌理的排列方式来体现千变万化的空间凹凸感，且随着空间造型的起伏变化，设计师可创造出具有浮雕效果的触感，触感越明显，触觉肌理越丰富，就越能契合人们的审美意识。

后者改变是用一些装饰物附加在材料表面，形成具有立体装饰感的触觉肌理。例如，用珠子、亮片、绳带等组成新的触觉肌理。其中，将两个反方向材质肌理结合运用，形成强烈的对比效果是设计师常用的表现方式。这种改变后的肌理效果是人类最早的装饰愿望，也是永不会过时的，随着社会的发展，它会衍生出更多的装饰技法。

材料肌理是一种新颖独特的美感形式，也是材质美感的重要内容。材料的肌理大多是人为的，所以有很大的随意性。在现代服装设计中，设计师往往是以巧妙组织材料间的肌理对比，以及其与其他材料的质感对比而增加设计美感的多样性。

服装材料肌理的设计方法是和审美理念以及工艺技法紧密联系在一起的，它既包含着设计师个人的情感表现，也体现着现代装饰技法的自由发挥，没有具体技术上、手段上的限定，这能使其创意更加自由，更容易打破传统、推陈出新，这也是材料肌理设计在当代设计界备受青睐的主要原因。服装材料审美构成是社会时尚潮流发展中不可忽视的重要环节，是服装设计审美独具魅力的创新领域，值得每一位服装设计者去研究和开拓。

服装材料审美基本特征是服装设计的基础，只有对材料本身进行充分认识和了解，熟悉材料的视觉艺术审美表现与价值，理清材料触觉表现特征与内质构造，把握材料视觉元素和触觉元素对服装设计的审美影响和作用，才能真正进行服装设计与创新，进而更加丰富与更加完美地创造出服装设计作品的审美功能。

第四节　服装材料审美构成与创新

社会的快速发展使人们的知识结构与以往大不相同，人们的审美观念也会随之不断变化，服装设计师为适应社会审美的变化，应不断提升自己的美学观念和创新能力。传统服装设计侧重于对服装造型进行改变，现代服装设计将目光转换到服装材料的创新上。我们应将现代艺术概念融入服装材料的创新中。服装材料色彩、肌理等因素的变化都会带给人不同的审美感受。设计师要深入发掘材料的特征，创造多维的视觉形象，研究材料的多层次应用，探索服装材料更丰富的美学表现。

一、服装材料艺术的肌理塑造

服装材料的肌理艺术是服装材料审美构成的最重要内容之一。肌理塑造指将面料原有的平面的基本状态进行改变，使面料形态外观由二维转变成三维的形态造型，产生新的外观形象。比如我们常见的各种褶皱设计，可形成规则或不规则的肌理变化效果。从平面到立体，从二维到三维，肌理塑造可使原本平淡无奇的面料在附着艺术的构成表现后呈现出崭新的艺术魅力，其主要表现手法包括将面料通过挤、压、拧、堆等方法形成意想不到的肌理变化。

（一）挤

把面料从四面往中间挤压（拥），得到一个具有放射性褶裥的造型单元，我们把这个过程叫作挤花，挤花有着机械所不能替代的自然美感。

放射形褶裥的疏密与大小取决于挤花的长度和大小，即挤得花小，形成的褶裥就会显得小而疏；挤得花大，形成的褶裥就会显得大而密。

挤花因为后续工艺手法的不同，所形成的外观效果也不同，如设计师可以把挤出的花造型进行修剪，即去掉挤花形成的量（手捏量），代之以缝缀的其他装饰物；或在挤花造型中进行填充，使花型更显立体、饱满，填充物可选用棉絮、毛线等；还可以在面料背面进行挤花，在正面只留下放射性褶裥。

挤花单元造型不断重复，因为不同的组合方式，可以形成各异的肌理效果。

"挤"的动作还可以进行延伸，如在面料的边缘进行拥与挤，形成边缘呈直线形或弧形的放射性褶裥；又如把面料从两个方向进行挤压，形成省或褶。从广义上来讲，褶裥的形成都属于"挤"的范畴之内。

（二）压

1. 压褶

压褶，指在材料所在的平面内把材料从多个不同方向进行堆积与挤压后固定褶印（通过高温蒸汽炉定型），使之呈现出疏密、明暗、起伏、生动的纹理状态，具有较强的立体造型效果。

压褶工艺应用较为广泛，如布料压褶、PU 压褶、真皮压褶等。压褶工艺一般有两种形式：一种是有规则整件压折，一般是布料压褶或裁剪后压褶；另一种是乱褶，一般是成件压褶或半成品压褶。基本的压褶花式繁多：有各种工字褶、牙签褶、排褶、泡泡褶、波浪褶、竹叶褶、太阳褶、手褶等。

现在的压褶肌理越来越艺术化，设计师在同一材料上可以融合多种基本压褶花式，不同花式的褶裥相互交叉、互为补充，能使材料的褶裥形式更加变化多端，并形成肌理丰富、做工精美的艺术压褶。

2. 压皱

压皱相较于压褶更加自然、生动，如仿自然皱、乱皱等。机械压皱多被用于牛仔服装的仿自然皱，设计师一般在膝盖与腿窝等处进行压皱处理。压皱也可被应用于单色面料的装饰中。

3. 压花

压花，指通过机械高温定型，将各种压花物压于材料表面的一种工艺。压花具有绒面手感柔软、表面光亮、形象逼真、色彩多样、视觉立体感强的特点。压花工艺在服装中应用广泛，尤其在童装与休闲服上运用较多。一般来说，各种面料的表面都可以压花，并且不受压花物性状、大小的限制。其中，压花物的图案设计与装饰部位是压花的重点。

（三）拧

"拧"是处理面料的一种特殊手法，它指的是通过扭转材料的一部分，创造一种独特的绞转效果。面料的"拧"转过程实则是纤维间张力的重新分布与调整。随着旋转角度的增加，纤维会产生越来越强的摩擦与挤压感，从而形成一种稳定的褶裥结构。当旋转角度接近 360 度时，会形成放射性褶裥；当连续进行几次 360 度时，会形成螺旋形褶裥。

还有一种被用得很多的拧法，就是抓住面料的两端，两手呈反方向进行扭转，或固定成型，或热压后松开，形成自然风格的拧花皱。

（四）堆

"堆"就是堆叠，把面料按一定的规律或无规律反复叠加，创造出丰富的层次变化与视觉效果。

1. 堆褶

"堆褶"的字面意思是以面起褶，堆积成纹，即以面作为起褶的单位，反复折叠、堆积，形成具有浮雕效果的褶纹。此工艺不同于机械压褶，堆褶是指在面料上用手工堆叠出褶裥，并按照一定的方向或规律，堆积出具有丰富视觉感的褶裥纹路。

堆褶有直面褶与曲面褶之分，直面褶是指褶的中心线被熨平，这种褶从形式上来说较单纯，如按照一定的规律对平面褶进行堆叠，可形成严谨规整的多层次肌理；曲面褶的变化最为丰富，设计师通过不同方向对面料进行堆积与挤压可形成优美的曲面褶，此褶有很强的装饰性，适用于部位强调和装饰，尤其是在礼服设计中应用广泛。堆褶按工艺技法的不同，又包括死褶与活褶，死褶是指将褶裥全部固定，活褶是指将褶裥局部固定。

2. 堆花

堆花，是指在平面材料上凸起纹样。这里不是指附加物的缀附凸起。

常见的有两种大的堆花方式，一种是在面料背面按一定的规律缝出线迹，并进行抽皱后形成的肌理纹样。此种堆花形式繁多，纹样精美，是惯用的一种面料肌理重塑的手法。比较常见的堆花纹有波纹、花纹、自由纹等。

另外一种堆花方式显得更加夸张：先在面料上堆出一个基本造型，然后按照一定规律或无规律地一层一层地码起来，形成层次分明、错落有致的夸张立体造型。

（五）折

在我国，传统手工艺有着悠久的历史和独特的魅力，折纸艺术更是其中的一个重要组成部分。随着时代的发展，传统折纸艺术逐渐走进了现代设计师的视野中，并演变成一种面料肌理塑造手法——"折"。在现代服装设计中，设计师们巧妙地运用"折"这一手法，将平面的面料通过折叠、扭曲、卷曲等手法，可创造出立体而富有层次感，或抽象或具象的造型，使服装仿佛拥有了生命，并展现出一种前所未有的动态美感。

如果是比较硬挺的面料，则不可能像纸一样被随心所欲地折叠，因为面料都具有一定的弹性与柔性。在对面料进行折叠时，设计师一般都要借助缝线与衬垫工具。

"折"既是服装造型的手段，也是服装局部装饰的媒介，在平淡的面料上进行巧妙的折叠，可创造出精致的点缀效果。

二、服装材料艺术的结构异变

服装材料艺术的结构异变特征，对服装设计创新具有重要引导作用。结构异变指拆解改变已有面料的完整性，形成新的面料结构形态，从而使单一的面料呈现出厚与薄、透与密、凹与凸交织在一起的独特魅力。设计师可以通过剪、撕、磨、镂空、抽纱等加工手法，改变原结构特征。譬如牛仔裤用水磨出破损效果就是改变了原面料的外观特征。

（一）剪

"剪"指的是沿着设计好的轨迹对材料进行刀剪处理，在垂直状态下，刀剪后的材料会呈现出一种立体的拉伸效果，而随着人体的动作变化，刀剪轨迹会呈现出更加丰富的变化。由此可见，设计师对图形轨迹的设计十分重要，会影响服装最终的呈现效果。刀剪处理能够将二维材料转化为三维艺术品。艺术家们会依据材料的特性、设计的需求以及自身的审美判断，选择最合适的组合方式，使每一剪都恰到好处。

（二）撕

"撕"是一种艺术创作与时尚设计手法，其魅力在于它具备随意性与自由性。它打破了传统面料的规整与束缚，赋予了面料新的生命与意义。在面料上直接进行手撕处理，是"撕"艺术的一种直接体现。这种处理方式不仅考验着设计师对手部力量的控制，更要求具备敏锐的审美眼光。撕裂后的面料，边缘不再整齐划一，而是呈现出自然的垂坠感和柔和的弧度。这些看似不规则的线条，可以为作品增添无限生机与活力。

而另一种将面料撕开后进行多重拼接或缝缀的方式，则更是将"撕"的艺术发挥到了极致。设计师们将撕开的面料碎片视为创作素材，通过巧妙的构思与精湛的手艺，将它们重新组合在一起。在这个过程中，缝头的外露成为一种独特的装饰元素，它们不仅能展示面料撕开后的自然痕迹（如毛边、纤维的断裂等），更可为面料增添一种质朴而真实的美感。

值得注意的是，不是所有的布料都可以被手撕，一般梭织材料运用撕裂手法比较容易，设计师沿材料经向或纬向丝道就可以将之撕裂。

（三）磨

"磨"，指利用水洗、砂洗、砂纸磨毛等手段，让面料产生起绒、磨旧的艺术风格，使之更加符合设计的主题或意境。如，对于牛仔服，设计师在一些平日就易磨损的部位，如大腿、膝部等制造出些许磨旧脱色痕迹。

（四）镂空

镂空，指运用雕、剪、烧、编等技法在材料上镂出空洞，形成"露空风貌"，这种技法可打破服装的整体沉闷感，增加材料的艺术欣赏性。

1. 雕

"雕"，指运用服装镂空雕刻机对花样文字进行雕刻与切割所形成的镂空。该工艺的适用材料很广泛，包括各种布料、织物、皮料、革料等。其加工方式一般有两种：一种是直接对材料上的图形进行切割镂空，如皮革类，设计师甚至可以故意展现镂空部位的毛边效果，如牛仔服中的镂空；另一种是进行绣花式的切割，即切割镂空后再进行刺绣，这样的技法适用于所有可以雕刻镂空的材料，而且产生的图形更加精美。雕刻与刺绣结合的技法，能使原面料焕然一新、产生奇妙的视觉效果。在厚质皮革上，设计师也可以进行具有浮雕感的图形雕刻，如与镂空雕刻结合，会更具欣赏美感。

2. 剪

"剪"，在这里是指剪空的镂空技法，它是从剪纸艺术中延伸过来的一种工艺，要求设计师利用镂空效果而产生阴与阳、疏与密、线与面的视觉效果，具有浓厚的装饰趣味。在图案风格上，或纯朴古拙，或情趣生动，或明快秀丽；在工艺上讲究精细、工整。剪的工具，一般包括剪刀、刻刀两种。

纯色剪通常用于单一的色彩面料，设计师通过这种手法可赋予简单面料新的生命力，让其更具美学效果。因为面料色彩单一，所以纯色剪的设计多侧重于造型层面，设计师可通过各式各样的剪空图案来传递自己的设计理念。而衬色剪工艺，则是能在纯色剪的基础上进一步提升面料的层次感和空间感。设计师们将剪空图案与底色形成鲜明对比，或是将剪空的图案巧妙地贴缝于底色之上，可避免单一色彩带来的沉闷与单调。这种色彩与材质的双重碰撞，可丰富面料的视觉效果。

近几年多色剪作为一种独特的工艺手法，正以其丰富多彩的色彩层次和独特的肌理效果，逐渐成为设计师们钟爱的表现手法。多色剪，顾名思义，即通过剪空的手法，使面料呈现出更为丰富的色彩变化。这一技艺不仅考验设计师的审美眼光与创意灵感，更能体现他们对材料运用与色彩搭配的深厚功底。平面多色剪，是在传统剪空工艺的基础上，融入更多现代装饰手法的创新实践。它不局限于单一的色彩或图案，而是强调通过喷绘、手绘、印花等多种技术手段，赋予面料以全新的生命。这些手法不仅能改变面料的色彩单一性，更能在其表面创造出丰富多彩的肌理效果，仿佛一幅幅细腻而生动的画作，令人赏心悦目。相较于平面多色剪，立体多色剪则更加注重色彩与层次的结合。它通过将几种不同色彩的面料进行巧妙的重叠与剪空处理，能创造出一种多层次、多色彩的立体肌理效果。这种效果不仅能令人眼前一亮，更能够带给人们一种强烈的视觉冲击力和空间感。

3. 烧

"烧"是一种较为特别的面料处理手段，通常为以火烧或化学品腐蚀等手段在面料表面制作出镂空效果，该技法在现代艺术与设计领域中较受欢迎。

火烧作为一种自然的物理过程，其魅力在于其不可预测性和随机性。当火焰燃烧着材料的边缘，每一丝温度的变化、每一缕风的吹拂，都可能影响到最终镂空图形的形态。这种不确定性和不规则性，正是"烧"所独有的艺术语言，它打破了人工雕琢的拘谨与刻板，赋予了作品以生命般的灵动与自由，化学产品的腐蚀也有类似的特点。

值得注意的是，不同材质在"烧"的过程中会展现出截然不同的特性。以化纤面料为例，这种人工合成的纤维材料在火烧时往往会出现抽缩、熔融等独特现象。设计师可以巧妙地利用这些特性，在特定部位创造出独特的肌理效果。

4. 编

"编"，指运用编（包括编结）、织（包括编织等）技法形成的镂空效果。

编结与编织本身就具有一定的规则性，形成的镂空图形显得极具形式美感。不同的编织材料会形成各异的镂空风格：运用有光泽感且质地细腻的线进行编织，可以用比较烦琐的镂空针法，不同针法的组合可形成千变万化的镂空图形，塑造出轻盈、浪漫的柔美风格；运用质地较粗糙的线或布条（可利用毛边）进行编织，镂空技法比较简单，形成的镂空图形就会显得更加规则、单纯，可塑造出较现代的休闲风格。运用传统工艺技法——编结，也可以形成千变万化的透空艺术效果。

（五）抽纱

抽纱是指通过抽去织物的经纱或纬纱形成透空效果，这种技法会产生一种虚拟的空间感。

抽纱的方法大体包括两类：一种是只抽去织物的经或纬一个方向的纱线，即单向抽纱；另外一种是抽去经或纬两个方向的纱线，即格子抽纱，然后按照一定规律进行排列组合。抽纱既可在面料的局部进行，也可以改变整块面料的经纬组织结构与密度，使之呈现出一种略显颓废的创意风格。

抽纱与刺绣进行结合，就是抽纱绣，较之单独进行的抽纱更能体现出一种温柔、浪漫的气氛。设计师可根据设计图形，先在织物上抽去一定数量的经纱和纬纱，然后利用布面上留下的布丝，用绣线进行有规律的编绕扎结，编出透孔的纱眼，组合成各种图案纹样。抽纱绣图案大多为简单的几何线条与块面，可在服装中作精致细巧的点缀。

三、服装材料艺术的装饰演变

服装材料艺术的装饰演变是丰富服装设计表现形式的重要手段。装饰演变指在单一面料的表面添加相同或不同材料，改变原面料的外观形象。其主要表现手法包括缝、绣、贴、挂、吊等各种附加方式。通常情况下，设计师可在面料上加珠片、刺绣、金属线、花边、丝带，以增加面料装饰效果，譬如：在普通的牛仔布上应用拼缝、线边、嵌花、反面正用、深层特殊的磨洗等多种装饰处理，给西部味道很浓的牛仔服，赋予全新的面貌。

（一）缝

"缝"，在这里是指缝饰，即"缝"的装饰性技法。

1. 绗缝

"绗"作为缝纫领域的专业术语,其原始含义为通过粗缝的方式固定棉絮。随着时间的推移,"绗"逐渐发展并演化为一种独特的工艺手法——绗缝工艺,该工艺不仅具有实用性,还兼具装饰功能。绗缝工艺的核心在于在两层面料之间加入填充物,并通过缉压明线的方式,在面料表面形成具有浮雕效果的精美花纹。

在绗缝工艺中,根据操作方式的不同,我们可将其细分为机械绗缝与手工绗缝两大类。机械绗缝又可进一步被区分为传统机械绗缝与电脑绗缝,其中,电脑绗缝因其更高的智能化水平,能够制作出更为复杂多变的图案。而手工绗缝则以其独特的艺术魅力著称,它可巧妙地将图案镶拼与刺绣技艺相结合,创造出变化多端、装饰效果强烈的作品,其广泛应用于时装设计领域。

手工绗缝的形式多样,包括但不限于平行曲线、同心圆、条形、45°斜格、几何形以及不规则形状等。手工绗缝对工艺的要求极高,要求设计师缝合曲线必须精确重合,此外,设计师要充分考虑到面料的缩率问题,并确保拼接处与绗缝线完美吻合,以达到最佳的视觉效果。在进行手工绗缝时,设计师需对形式与色彩进行精细的推敲与搭配,同时,填充物的选择与使用也会直接影响到作品的立体效果与整体美感。

2. 花式缝

(1)平面花式缝

平面花式缝是一种在服装面料上依据特定图形轨迹进行布料拼接,并辅以花式线迹进行装饰的高级技法,通过针法与缝线色彩的巧妙变化,这种技法可极大地丰富视觉层次与效果。该技术分为车缝与手针两种主要形式。车缝的线迹类型多样,涵盖平缝、锁式、链式等;而手针也包含缭针、环针等多种独特手法。平面花式缝被广泛应用于布料的拼接与缝缀过程中,在拼接素色材料或缝缀花边、蕾丝等装饰元素时,平面花式缝能够丰富材料的质感与肌理,并起到一定的装饰作用,可为服装增添独特的艺术魅力。

（2）立体捏缝

立体捏缝作为一种独特而精湛的工艺技术，在时尚界中发挥着举足轻重的作用。具体来说，它指的是按照一定的间隔在较为薄软的面料上，从正面捏住并进行缝纫，使原本平面的布料瞬间跃然于眼前，并呈现出立体而丰富的浮雕状花纹图案。立体捏缝的图形设计千变万化，每一种图形都蕴含着设计师的独特构思与情感表达。单纯的图形组合在立体捏缝后，仿佛被赋予了新的生命，它们相互交织、错落有致地排列在面料之上，可使面料更具美感。

3. 缩缝

缩缝是指将面料缝缩成褶皱的工艺技法。具体做法如下：用缝线将面料需要有褶皱的部分进行拱缝，然后抽动缝线缩短面料而形成皱褶，拱缝的长度取决于成型褶皱的宽度，如成型褶皱的宽度为 20 cm，那么拱缝的长度应该不小于 40~60 cm。

褶皱的大小与缝线的单位线迹长短有关，单位线迹长，即针脚大，形成的褶皱也会大且长，反之亦然。褶皱的疏密与抽缩缝线的松紧度有关，缝线抽得紧，褶裥就会显得密，缝线抽得松，形成的褶皱就显得疏。拱缝的线迹可以是直线、折线或弧线，这会使缩缝后的褶皱呈现出不同的延伸方向，形成的肌理效果也会有所不同。

缩缝具有很强的装饰效果，不仅可以打破服装上大面积的平面格局，制造繁密与疏朗的对比效果，还可增加服装的体积感、层次感，提高服装的品位与视觉美感。

（二）绣

在中国传统意义上，刺绣技艺源远流长，可追溯至数千年前。古人以针为笔，以线为墨，在织物上绘制出一幅幅生动传神的图案。然而，在现代服装材料艺术的广阔舞台上，"绣"的定义与边界被大大拓宽。它不再局限于细腻柔软的丝织品，而是被广泛应用于更丰富的材质上，并创造出一种全新的美学体验。

1. 线绣

线绣，顾名思义，便是利用丝线、毛线等多样化的线型材质，通过灵巧的双手，在细腻的织物上勾勒出设计精巧的图形，绣制出栩栩如生的花纹或隽永的文字。在线绣的世界里，绣线无疑是灵魂所在。它的选择与应用，直接决定了绣品的最终视觉效果与质感。

（1）丝线绣

丝线绣是最为常见的线绣方式，丝线绣的针法种类繁多且变化多端，共计达三百余种，这些针法能巧妙地构建出点、线、面的丰富变化，使得绣品色彩效果既华丽又不失雅致，并展现出非凡的艺术魅力。其绣面平整服帖，表现力较强，因此在服装领域得到了广泛应用。手工丝线绣常见于高档礼服的制作中，设计师通过细腻的手针技艺，精准展现图案，赋予礼服以独特的高贵气质与非凡的艺术品位。近几年电脑刺绣较为盛行，科技赋予了丝线绣更丰富的图案变化，还提升了其生产效率与图案的精细度。

（2）绳绣

绳绣之所以能在众多刺绣技法中脱颖而出，与其独特的材质特性密不可分。绳绣所采用的绣线，并非传统意义上的细腻丝线，而是包括尼龙立体绣线、毛线等在内的绳状材质。与光滑亮丽的丝线相比，绳绣材质缺少了那份闪耀的光泽感，却增添了几分毛绒的质感。这种质感使得绣品在视觉上呈现出一种庄重而浑厚、质朴而亲切的美感和较强的立体感。因此，绳绣技法在日常服饰的设计中得到了广泛的应用，尤其是在追求自然、质朴风格的现代设计中，更是备受青睐。在绳绣的创作过程中，绣线的选择至关重要。一般而言，绳绣的绣线直径为2~2.5毫米，这样的粗细既能保证绣品的立体感，又便于绣工进行精细的操作。同时，由于绳绣材质具备特殊性，底布的选择对于绣品的整体效果有着至关重要的影响。通常而言，粗糙材质或纹理疏松的底布能够更好地衬托出绳绣的立体感与毛绒质感，进而使得绣品更加生动逼真。

（3）带绣

带绣之所以能够呈现出如此生动的效果，离不开其独特的工艺和材料。丝带或绳带作为一种特殊的绣线，其柔美的光泽感和丰富的曲面造型效果，是传统丝线所无法比拟的。在带绣的众多品类中，花型绣品无疑是最为引人注目的。丝带或绳带在绣娘的手中仿佛拥有了生命，它们或卷曲或舒展，层层叠叠，相互交织，可形成一朵朵形态各异、色彩斑斓的花朵，极具艺术性和美感。

2. 布绣

在布绣的创作过程中，艺术家们首先会精心挑选各种材质、颜色、图案的装饰布。随后，他们会运用挤、堆、拧、折、填充等多种技法，对装饰布进行塑形，并创造出层次分明、质感丰富的立体效果。当装饰布经过一系列复杂的塑形后，便进入到了布绣最为关键的环节——拼接组合。在这一阶段，艺术家们会根据设计好的图案与布局，将各种创意图形巧妙地拼接在一起，形成一幅幅精美绝伦的布绣作品。与传统的贴布绣相比，布绣无疑更具造型感与立体感。传统贴布绣往往以平面装饰布为主，通过简单的刺绣与填充手法来增添一定的立体效果。而布绣则突破了这一局限，将装饰布的运用发挥到了极致。它不仅保留了贴布绣的色彩斑斓与图案丰富等特点，更可通过复杂的肌理塑造与拼接组合技法，使作品在视觉上更加饱满、立体且富有层次感。运用牛仔布进行贴布绣，在贴布之上粗绣出简单肌理且毛边外露，可在不羁之中又透着民俗风情。

3. 钉绣

钉绣使用的材质更为丰富，除了常见的各种丝线、绳、带外，还可将各种珠子、亮片点缀其中，并将之镶嵌于织物表面，组成各式各样的图案。钉绣分为钉线绣或钉珠绣，钉线绣绣法简单，它指的是通过丝线、绳、带的折叠或伸缩形成各种造型图案，常用的钉线方法主要包括明钉与暗钉两种。明钉的针迹会直接暴露在线梗之上，形成一种独特的纹理效果，使绣品更加立体生动；而暗钉则更为含蓄内敛，其针迹巧妙地隐藏于线梗之中，可使绣品表面更加平滑细腻，展现出一种低调的奢华感。

而钉珠绣则较为复杂，是将各种珠子或亮片缝缀于面料上的技法。这些技法会使服饰看起来更加华贵富丽。此绣法常被用于礼服，近些年在日常服中也多有体现，如牛仔服与皮革服装中的钉珠绣已经比较普遍了。

4. 雕绣

雕绣也被称为镂空绣，雕绣的精髓在于"雕"与"绣"的完美结合。首先，绣娘会根据设计好的花纹图案，在布料上按照预定的轮廓，小心翼翼地修剪出一个个精致的孔洞。在孔洞修剪完成后，绣娘便会开始在这些剪出的孔洞里刺绣。她们会根据孔洞的形状和大小，选择适合的针法和绣线，并以不同的方式绣出各种图案组合。除了直接在孔洞中刺绣外，雕绣还有另一种表现形式——先绣后剪。绣娘会先在布料上绣出完整的花形图案，这些花形图案栩栩如生，仿佛即将从布面中跃然而出。然而，她们会在花形图案的适当位置进行剪空与抽丝处理。通过这种方法，花形图案中的某些部分会被巧妙地剪掉或抽离出来，形成别致的镂空效果。这种虚实相衬的绣法，可使得绣面上的图案更加生动立体，充满层次感和空间感。

（三）贴

"贴"这一古老的工艺技法，在织锦、刺绣、布艺乃至现代艺术设计中占据着举足轻重的地位。它是指通过巧妙的构思与精湛的手艺，将各种形状、色彩、质地、纹样的布料或线绳，在基布上组合成生动形象的图案后再粘贴固定。"贴"的技法，并非孤立存在。它与"绣""缝"等其他技术手法相互融合，丰富了服装材料设计的表现形式。随着时代的发展，"贴"的技法也在不断发展。现代设计师们将传统技法与现代审美相结合，创造出了许多既具有传统韵味又不失时尚感的作品。这些作品在保留传统技法精髓的同时，又融入了现代设计的元素与理念，使得"贴"的技法焕发出了新的生命力。

（四）挂

"挂"，是指运用缝、别等手法将立体装饰物挂坠于材料表面的技法。挂坠的装饰物包括各类别针、骨针、装饰花与纽扣等，选用材料可以不拘一格，挂坠方法也可以随心所欲，这不仅丰富了面料的质感变化，还赋予了材料很强的动感与立体感。

（五）吊

"吊"，是指运用系扎、捆绑、缝缀等手法将完全立体形式的各种装饰物悬吊于材料上的技法。可以被悬吊的装饰物包括各种穗饰、饰带、绳结、金属链等，其形式动感最强。

四、服装材料艺术的整合重构

整合重构是现代服装艺术中较为常见的一种表现方法，它能够有效增强服装设计的艺术张力，是审美的创新表现。整合重构即将不同的面料进行整合，以改变面料原有的视觉效果，丰富单一面料的表现力。

（一）相同材料整合重构

相同质地、相同颜色的面料进行整合重构时，可增加面料的丰富性与层次感，属于低调的肌理整合，相同材料有平面整合与立体整合两种方式。

1. 平面整合

平面整合，一种方法是以排列组合与拼接手法为主，把多条布料按照一定方向（横向、纵向、斜向）和规律进行排列组合或拼接缝合，材料排列组合是指各单位布料之间不进行缝合，强调的是线型组合所产生的形式之美；设计师还可以进行拼缝（包括花式缝），让缝头外露，使放射线造型形成低调且优美的肌理形态。还有一种方法是把多个规则或不规则的图形单元以某种结合形式整合在一起，这种整合方式更加自由。平面装饰手法同样属于平面整合的范畴，如手绘、扎染、蜡染、数码喷绘印染等，设计师可以在不同布块上随心所欲地进行个性化的图案设计，使之具有独特的艺术效果。

2. 立体整合

立体整合以堆叠、编织和推绉为核心技艺。堆叠是指将多块布料重叠在一起，通过剪裁、折叠等技巧，使衣物呈现出立体而富有层次感的效果。编织可以其独特的经纬交织结构，丰富织物的纹理和图案，赋予织物以独特的触感和视觉效果。推绉是指通过对面料进行挤压、揉搓等处理，使面料表面形成褶皱和纹理，从而增强面料的立体感和动感。此外，立体整合还强调对相同材料的创新运用。这种手法打破了传统设计的束缚，可使得原本单调的布料焕发出新的生命力。设计师们通过立体缝缀装饰等手法，可赋予单一素色布料更丰富的肌理变化和独特的造型感。

（二）相异材料整合重构

在服装设计领域中，将质地与颜色上存在显著反差的材料进行精妙整合与重构，无疑能够产生令人震撼的视觉张力。不同质感的材料，有着不同的特性，如薄、厚、轻、重、软、硬等，会给人以不同的审美体验。在设计中，巧妙地运用这些特性，可以营造出丰富的层次感与空间感。

1. 饰边法

饰边法简单来说就是以一种材料为主料，而另一种材料为主料的饰边，这样的组合方式既保留了材料各自的独特魅力，又通过对比与和谐达到了视觉上的平衡与美感。以纱质材料与毛皮饰边为例，纱质材料以其轻盈、飘逸、柔软的特性著称，常给人以梦幻、浪漫的感觉。当这种材料遇上厚重、温暖、奢华的毛皮饰边时，两者之间的鲜明对比会立即凸显出来。

2. 缝缀法

以一种材料为底，将另一种材料缝缀于底料上，从而完成两种材料的整合，这就是缝缀法。以丝绒材料为例，这种面料以其特有的厚重感与光泽度著称，但单一的丝绒材质往往容易显得沉闷且缺乏变化。此时，设计师们便可以巧妙地将毛线材料和有光泽感的珠子作为缀饰物，通过精细的缝制工艺，将它们巧妙地镶嵌在丝绒底料之上。毛线材料以其柔软的触感和丰富的色彩变化，可为丝绒增添一抹温馨与活力；而那些闪烁着迷人光泽的珠子，则打破了丝绒的沉闷与单调格局。

3. 交错法

相异材料整合重构还可以采用交错法，拼接和编织是交错法的两种主要方法。选择不同材料并以不同的拼接和编织方式进行整合，会产生不同的整合效果。单一布料的拼接和编织本身就有丰富布料表现力，可使布料更具立体感，而两种布料的拼接和编织，更是放大了这种效果。不同布料间形成的对比，也是交错法艺术表现力较强的一个重要原因。

4. 透视法

透视整合的核心在于利用材料的透明性、半透明性或色彩、纹理的差异，通过层叠、重叠等手法，创造出一种视觉上的深度与层次感。采用透视法进行整合不仅仅是简单的重叠与镂空，而是通过对材料特性的深刻理解与巧妙运用，达到一种和谐共生、相得益彰的艺术效果。以纱质材料为例，其独特的透视感可为设计师提供广阔的创作空间。当粉紫色的表纱轻轻覆盖在鲜艳的花瓣与明亮的黄色底料之上时，不仅会减弱两种材料之间的强烈对比，更可使整体色彩过渡自然，肌理变化丰富多样。在进行透视整合的同时，设计师还可以配合多种装饰手法，如缝缀、刺绣、珠饰等，进一步提升作品的艺术价值。

（三）同色材料整合重构

同色材料整合针对的是那些从视觉上看色彩相同，在质地上却大相径庭的材料组合。例如将同色的皮草与棉布巧妙地点缀于蕾丝之上。皮草温暖、奢华，棉布质朴、自然，蕾丝以其精致细腻的花纹和轻盈透明的质感，成为连接两者的桥梁，使整个设计既不失高雅，又不失亲和力。这种组合，不仅能展现同色材料之间的微妙差异，更可在无形中传递出一种平衡与和谐的美感。同色材料的整合方法，实际上可以借鉴相异材料的整合技巧，但其在视觉效果上能呈现出一种更为低调、内敛的韵味。正因为如此，同色材料的整合方式在时尚设计、家居装饰、艺术创作等多个领域得到了广泛的应用。

（四）异色材料整合重构

异色材料针对的是色彩不同但质地大致相同的材料组合。它要求设计师具备敏锐的色彩感知能力、丰富的实践经验与独特的审美直觉。通过对色彩拼接、层叠等手法进行运用以及对材料本身美感与潜在价值进行深入挖掘与表达，设计师能够创造出具有独特魅力与视觉冲击力的艺术作品。拼接、层叠、编织、缝缀、贴补等，都是异色材料重组的重要手法。异色材料整合重构的精髓在于对色彩间对比关系的精准拿捏。设计师需像一位高明的画家，将不同颜色的布料视为调色盘上的颜料，通过巧妙的整合方式，使色彩在碰撞中体现和谐，在对比中彰显统一。在拼接过程中，色彩的对比、渐变、穿插与融合的比例与平衡至关重要，任何一丝偏差都可能导致整体效果的失衡。

服装材料审美的构成与创新，是设计师展现才华与创造力的重要舞台。在这一环节中，设计师需深入挖掘材料本身的美感与潜在价值，通过巧妙的组合与搭配，使材料焕发出全新的生命力。不同材质的组合，如丝绸与棉麻、金属与织物等，能够形成鲜明的反差与对比，从而创造出独特的肌理美和材质美。这不仅能丰富作品的视觉层次，更能赋予其一种独特的触觉体验。

第五节　服装材料艺术与服装设计的融合

服装总是引领着时尚与潮流，体现着时代精神和个性，可反映出一个国家、民族在特定阶段的普遍审美趋势和审美心理，它也是国家政治、经济与文化的指向标。在全球化的今天，各国服装文化相互融合。21 世纪的现代、后现代文化精神，促使服装设计师不断探索、不断创新，以满足人们日益变化的审美需求。无论服装时尚如何变迁，服装材料的审美构成始终是服装设计的基础，特别是在当代服装设计中，材料的构成与审美作用愈发突出，人们对服装材料也提出了越来越高的要求。层出不穷的各种风格的服装材料，不断满足着人们对服装的审美需求。每一次新材料的开发和应用，都会引起服饰在结构和形式上的变迁，从而为服装设计带来新的内涵和艺术魅力。在设计中选择适当的材料并通过挖掘材质美和肌理美来传达服装个性精神是至关重要的。服装材料的选择往往决定服装的命运，同样的款式和颜色因材质不同则会显示出风格的异样。譬如采用具有立体质感的材料与采用富有光泽感的材料进行设计制作，即使款式和颜色一样，其服装设计体现出来的整体性审美效果也迥然有别。所以，当今的服装设计大多先从材质的设计入手，根据面料的质地、肌理、图形等特点来构思，在材料这个审美载体上完成服装作品设计。

一、服装材料艺术的设计理念和原则

服装材料艺术承载着其独特的设计理念与原则，是设计师们展现创意与个性的重要媒介。设计师在创作过程中，需深入理解和把握材料的个性特征，进而进行巧妙的二次创造。这里旨在深入探讨如何在服装设计中巧妙地展现设计理念、捕捉时代个性的精髓，并将之与材料艺术元素相融合，从而创造出既符合时代审美趋势，又具有深刻内涵的服装作品。

（一）服装材料艺术的设计理念

现代材料艺术，这一融合了传统与创新的艺术形式，早已跨越了织物范畴的界限，迈向了一个充满无限可能的新纪元。现代材料艺术作为一种充满活力与创造力的艺术形式，其设计理念与创作实践都受到了来自自然、艺术与科技等多方面的影响与推动。它不仅是设计师对传统织物概念的颠覆，更是设计师对时尚与艺术边界的重新界定。在这一领域里，艺术家们以材料为媒介，通过独特的创意与精湛的工艺，将时尚表现力与艺术化推向了前所未有的高度。

1. 自然环境影响下的设计理念

现代社会的过度工业化及快节奏的生活方式激起了人们对宁静田园生活的美好追忆，回归自然这一设计理念被广泛运用于设计领域中，这在服装材料艺术创造中表现得尤为突出。

大自然中存在着千姿百态、丰富多彩的动植物形态与自然风光，这种最自然、最具生命力的色彩、形状、肌理、纹路是服装设计首选的艺术表现形式，当然这种表现形式并非对外形进行模仿，而是汲取自然状态中体现生命活力的部分，加以扩张、延伸，并进行创造性地运用。

自然环境的不断恶化，使材料艺术中的绿色环保理念得到了更多的体现。绿色设计是以节约能源和保护环境为宗旨的设计理念，比较强调返璞归真的效果。例如，未染色的布料与纱线、缝边外露、留着飞边儿的外露边线、手撕效果的装饰布等。设计师就是运用这种最自然最原始的艺术效果来减弱人工雕琢的状态，提醒人们去热爱和保护自然环境。圣·洛朗设计的斑驳拉草裙，将木质纤维及亚麻应用于设计加之木质和草质的各种装饰，体现了人与自然的融合。

2. 艺术风格影响下的设计理念

在艺术风格的影响之下，尤其是受后现代艺术风格的影响，服装材料艺术的视觉形式得到了极大的拓展，形成了视觉多元化的设计理念。

欧普艺术是典型的迷幻艺术，充分利用了人类视觉上的错视，条、格、点纹样及绚烂的色彩渐变被广泛应用于面料设计当中，可在平面上构成立体、运动的效果。

波普艺术，是商业艺术或广告艺术的同义词，大众视觉图像的拼贴组合作为一种全新的图案被广泛运用到服装领域。大量借鉴通俗文化，将人像、花卉、图案、文字印在服饰上，成为波普艺术的基本手段之一。

抽象艺术，指的是理性、冷峻、简约的"冷抽象"是以冷静规则的几何形状构成画面，感性、热情的"热抽象"是用自由挥洒的条条道道、圈圈点点来表现艺术家的内在激情。

涂鸦艺术，可使服装面料呈现出最为率性稚拙的返璞归真状态；新媒介艺术，使视觉信息的数字—图像化概念深深影响着服装设计领域的方方面面。

现在的服装材料艺术中包含更加多元化的艺术理念。材料艺术不再只是单纯地去表现艺术，而是以反艺术的形式使艺术成为自我表现的一种手段。

3. 传统文化影响下的设计理念

东西方各民族因为不同文化、不同习俗而产生的不同服饰风格使世界变得丰富多彩。服装设计师们从世界各个角落不断地发掘创作灵感，各民族传统文化已渐渐成为人类共有的财富。服装材料艺术体现了本民族与其他民族、传统与现代的融合。这种多元文化的设计理念拓展了材料艺术的设计思路，使时代性与多样性并存。

中国的民间民族服饰艺术源远流长，大俗大雅的配色处理、无限寄寓的图腾纹饰、独具创造性的技艺手段，都可以成为材料艺术的灵感来源。被广泛应用于材料艺术中的中国传统工艺还包括剪纸、折纸艺术与编结、雕花艺术等。

4. 生活空间影响下的设计理念

设计师是空间美学的塑造者，对于生活空间的独特理解以及由此衍生的概念，无疑在其创造思维的广阔舞台上扮演着至关重要的角色。设计师不仅要拥有超凡脱俗的审美修养，还需具备敏锐的洞察力和感性的知觉，这些能力使设计师的创作灵感得以不断迸发。尤其是感性设计，在现代这个追求人性化、以人为本的社会中，越来越受关注。它不仅是设计师对美的追求，更是设计师对个性化审美情趣的极致表达。这种设计理念，因其独特性和创新性，深受设计师们的青睐，成为推动设计领域发展的重要力量。设计师们如同敏锐的猎人，穿梭于生活的各个领域，寻找那些能够触动心灵的设计元素。现代情感道德观念、反传统的设计理念……这些看似抽象的概念，在设计师的笔下可变得生动而具体。他们不仅关注社会的变迁与文化的演进，更善于从细微之处发现美的踪迹。一些看似不起眼的素材，在设计师的眼中却蕴含着无尽的灵感与可能。

5. 科学技术影响下的设计理念

科学技术影响下的设计理念有以下两种发展趋势。虚拟设计依托先进的计算机技术，为设计师提供了高效且直观的创作平台，极大地促进了设计师与消费者之间的沟通与互动。设计软件以其强大的功能和丰富的表现形式，可使图形与文字的处理更加自由、灵活且富有趣味性。工艺多元化则彰显了工艺技术的不断进步以及先进技术的融合创新。传统工艺与新型工艺的完美结合，展现了工艺技术的深厚底蕴与无限潜力。设计与工艺技术之间形成了紧密的互动关系，彼此影响、相互促进，共同推动着材料艺术领域的持续发展。高科技材料的广泛应用，为设计师提供了更为广阔的创作空间，使设计作品在材料的选择与应用上更加多元、丰富，展现了材料艺术的时代魅力与无限可能。

（二）服装材料艺术的设计原则

1. 主题原则

材料艺术主题的确立及其展开过程是服装设计中至关重要的一环。它不仅关乎设计的成败与优劣，更关乎设计师对美的追求与表达。主题无疑是设计师灵魂的体现，是其创作意图与情感表达的核心所在。在时尚界，服装的整体风格与材料艺术的主题之间存在联系。一方面，设计师可能会根据既定的服装风格来挑选和诠释材料艺术的主题，使之与服装的整体风格和谐统一；另一方面，材料艺术的主题也能成为决定服装风格的关键因素。一旦材料艺术的主题得到确立，设计师便需运用一系列精湛的加工手法来使其得以充分展现。在展开主题的过程中，艺术抽象、空间、夸张、变形等形式语言的应用显得尤为重要。艺术抽象能够提炼出材料艺术中最本质、最具有表现力的元素，使设计作品超越现实的束缚，达到一种超越时空的审美境界。空间感的营造则能够赋予服装以生命力和动感，使观者在静态的服装中感受到动态的美。夸张和变形手法则能够突破常规的限制，创造出令人耳目一新的视觉效果，使设计作品更具震撼力和感染力。作为服装的实质媒介，材料的艺术再创造不仅是对服装设计主题的强化和升华，更是对服装设计艺术性的深刻挖掘和展现。通过材料的选择、处理和应用，设计师能够创造出具有独特魅力和个性的服装作品，使观众在欣赏的过程中获得视觉上的愉悦和心灵上的共鸣。

2. 宾主原则

宾主原则指的是在材料设计中，我们既要关注不同元素的融合，又要使主题元素能得以有效凸显。这就需要我们使用强化或弱化的策略，以及大与小、前与后、明与暗等对比手法，通过合理规划使得作品中的各个元素不仅能够和谐共生，而且主题鲜明，令人过目难忘。

3. 律动原则

材料的律动十分重要，具有动态美感和节奏感的设计作品往往更能吸引人们的注意力并给人留下深刻印象。因此，对于设计师而言，材料设计的律动原则至关重要。使材料形成律动感的方式有两种：一种是单一元素的重复出现或渐变变化，另一种是曲线的扭转或行进形成的动感。然而需要注意的是，单纯的重复与渐变虽能形成强烈的视觉印象，但若缺乏变化与对比，便容易陷入单调乏味的境地。因此，在材料的律动设计中追求动与静的完美结合显得尤为重要。我们可以通过融入微妙的变化，如色彩的渐变、形态的微调等，来打破单一元素重复的单调性，为设计增添趣味。同时，各种对比的方法也可以提升设计的层次感与吸引力，例如单一与复杂的对比、柔和与热烈的对比等。

4. 对比原则

设计师在进行材料设计时，应深入挖掘并巧妙运用不同材料之间的性质差异与反差，通过质感对比、褶皱方向对比、艺术元素位置对比以及虚实隐显对比等多种手法，丰富材料设计的层次与内涵。同时，设计师还需秉持"在相同中寻求变化，在不同中追求统一"的原则，精准把握差异与统一的尺度，使设计作品在展现多样性和对比感的同时，又不失整体的和谐与协调。唯有如此，他们才能创造出既富有创意又令人难忘的设计作品，达到理想的对比效果。

5. 平衡原则

稳定对抗与动态对抗是平衡感的两大表现形式。稳定对抗平衡，顾名思义，指的是相似元素之间基于微小差异而达成的和谐共存，例如建筑的对称结构。在材料设计中，相似色调的渐变、形态上的微妙重复与呼应，都是实现稳定对抗平衡的有效手段。与稳定对抗平衡形成鲜明对比的是动态对抗平衡，其主要体现为相对元素之间的冲突与融合。它们或许在色彩上对比鲜明，或许在形态上大相径庭，但正是这些看似矛盾的元素，通过巧妙的组合与布局，可达到心理上的平衡与和谐。通常来说材质细腻、色彩明亮、光泽感强的材料会给人一种轻、弱的心理感觉，反之则会让人觉得厚重、沉闷，在材料设计中要注重合理搭配，达到心理感觉上的平衡。例如，可以通过冷暖色调的对比、色彩明暗关系的处理以及线条的疏密安排，来营造出一种既矛盾又统一的画面效果。

6. 深度原则

材料艺术里的深度通常有三个部分：空间上的深度、时间的深度（历史感）、意境所包含的复杂性。具有空间深度感的形态有更强烈的形式美感，而优秀的设计作品所蕴含的时间深度与意境，能让人产生无限的遐想和获得精神上的满足。

7. 搭配原则

材料艺术在设计作品中能表达创作者的意念，需要设计师运用各种形象符号去表现。确保这些蕴含不同意念的形象符号产生相应的论证关系，就是设计作品组织搭配的原则。

材料艺术作品的美感，不只在于对媒介特色的表现，更在于不同媒介性质间的组合搭配，其具体表现为不同材质、色彩、工艺手法等的搭配。

二、服装材料艺术的表现形式

服装材料艺术审美与其他艺术审美一样，有其独特表现。

（一）服装材料的个性表现

1.服装材料的空间感觉

不同形式的服装材料有着各异的空间感觉，这些空间感觉可被归纳为几种形式：近与远、强与弱、密与疏、虚与实、膨胀与收缩等。

在服装设计中，显性肌理，如粗糙的牛仔布料、光亮的丝绸等，能以其强烈的触觉与视觉冲击力，让人在第一时间便能感受到其独特的空间感。相比之下，隐性肌理则显得较为含蓄与微妙；人为形态肌理，如精心编织的毛衣纹理、规则排列的印花图案等，更能给人以强烈的空间感。相比之下，材料本身的自然形态肌理则会显得空间感较弱。此外，从服装材料视觉元素的秩序形式来看，规则形态肌理，如条纹、格子等图案的排列组合与不规则形态肌理，都能给人以独特的视错感与空间感。

空间感，这一看似抽象的概念，实则蕴含着丰富的内涵与层次，它不仅是一种视觉上的体验，更是人们心灵深处对环境的感知与理解。在探讨空间感这一复杂而多维的概念时，我们不得不从心理层面与三维空间这两个维度深入剖析。

（1）服装材料的心理空间感觉

从心理层面看，不同质地、颜色、光泽度的材料，会产生不同的心理空间感觉，例如光泽度强的材料心理空间感觉弱，光泽较暗的材料心理空间感觉强；材质粗糙、结构松散的材料可给人以膨胀、厚实的感觉，结构细密、材质平滑的材料可给人以收缩、轻盈的感觉；明亮、高饱和度的颜色可给人以亲近、温和的感觉，暗沉、低饱和度的颜色可给人以清冷、疏远的感觉。

（2）材料的三维空间感觉

厚重面料如果加以明亮的色彩和简洁的线条，其质感就会变轻变薄。如果用褶皱、层叠等手法增加轻薄面料的体积，再加以低饱和的暗色，就会增强其重量感。在平滑的面料上进行肌理重塑，从二维效果变成三维空间效果后，其视觉感与艺术感都会增强。设计师最惯用的手法就是在设计的视觉中心部位对面料进行层叠、堆褶等立构手法处理，或者采用疏密对比、方向对比等手法，即使没有色彩的变化，其整体的虚实、强弱对比效果也能被一览无余，如优雅而简洁的吊带裙，其胸部以带有折纸艺术风格的立体造型为设计重点。通过折叠产生的空间与光影，设计师可营造出具有理性韵味的空间形态感觉。

2. 服装材料的风格情调

服装材料深刻承载着设计师的创意思维与情感寄托。设计师可精心运用材料的独特质感、多变造型、丰富色彩及精致图案等核心要素，巧妙编织成丰富多彩的服饰语言体系，进而塑造出各具特色、情感饱满的服装风格与情调。在此过程中，色彩作为决定服装材料风格的关键因素，其微妙的变化与巧妙的组合对于情感的精准传达具有举足轻重的作用。因此，设计师要勇于突破传统，积极探索并实践新的色彩搭配方案，以期实现对不同情感氛围的深刻诠释与精准把控。

同时，不同种类的服装材料本身即蕴含着丰富的艺术元素，这些元素能够自然展现出截然不同的风格特征。值得注意的是，即便是同一材质，在设计师采用不同装饰手法进行创作后，其最终呈现出的风格表现也会发生显著变化，展现出更加多元化的风貌。当多种材料元素在设计师的匠心独运下相互融合时，其共同构建出的服装风格往往能超越单一词汇的界限，呈现出一种多层次、多维度的复杂美感，从而让人感受到一种难以言喻的丰富情调。

综上所述，对于服装设计师而言，持续不断地投身于材料艺术设计的实践与探索之中，不仅是其职业发展的必然要求，更是不断提升自身设计素养、实现个人艺术追求的重要途径。通过不断的练习与积累，设计师能够逐渐培养出对材料特性的敏锐洞察力与设计创新能力，进而更加精准地捕捉并表达出内心的情感波动与审美追求，为时尚界贡献出更多具有独特魅力与深远影响的优秀作品。

（二）服装材料与构成

1. 服装材料与平面构成

这里探讨的是包含色彩、纹样、肌理在内的材料艺术中所有视觉元素的构成及表现形式。结合视觉元素的方式来观察肌理，有助于对形态的认识、理解、表现与再创造，有助于我们深刻地认识形式语言的意义与作用。

（1）视觉元素的基本形式

材料艺术中的视觉元素包括三种基本形式：点状纹理、线状纹理和面状纹理。

点状纹理不仅是一种装饰性的存在，更是能够巧妙地引导视线、调节空间感，以及瞬间吸引观者注意的视觉利器。当这些点以一定的规律或随机分布时，它们仿佛会形成一股无形的力量，将观者的目光自然而然地吸引至画面中心或特定区域。当大量的点元素紧密排列时，它们会在视觉上形成一种压缩感，使原本空旷的画面或空间显得更为紧凑和充实。点状纹理之所以能引起人们的注意，关键在于它能够打破常规的视觉平衡，创造出一种动态的、不稳定的视觉效果。这种效果会激发观者的好奇心和探究欲，促使他们进一步观察和思考。

线状纹理在材料艺术中可展现出丰富的变化形态。直线能以其特有的方向性，传达出速度感，直线又可被分为斜线、水平线及垂直线，它们各有特点，可在材料设计中给人以不同的心理感受。曲线以其优美的形态和多样的变化，成为材料设计中的另一大亮点。曲线的运用可以极大增强材料的表现力和艺术美感。另外，设计师们还可以巧妙地运用分割与重组的手法，对原有的线状纹理进行改造，创造出具有鲜明韵律感和创意性的新纹理。这些创新性的纹理设计，不仅能提升了服装的艺术价值，也能为消费者带来更加丰富的视觉享受。

面状纹理分为几何形和任意形，几何形有一些机械感，每一个图形给人的感觉各不相同。圆形——运动及和谐美；矩形——单纯而明确、稳定；平行四边形——有向某一方向运动的感觉；梯形——最稳定，可令人联想到山；正方形——稳定的扩张；正三角形——平稳的扩张；倒三角形——不安定、动态及扩张、幻想。借用材料的质地、色彩、形状等方面的差异性，设计师可对材料进行拼接组合，这是材料的面状纹理设计中最广泛的设计手段。

（2）视觉元素的形式美感

服装材料因为各视觉元素之间采用不同的组合形式，可产生千变万化的形式美感。

①重复组合体现出调和与秩序美感

运用简单重复组合，设计师可以形成规则有序的形式美感。多元重复组合可进行方向、位置的变化。

②分割组合体现出对比与比例美感

在以服装材料的色彩与肌理对比为主题的设计当中，分割组合是被运用得最多的一种形式。等形分割形式较为严谨，它以单纯而明确的形状为主题，在整体组合上具有极端理性的冷抽象主义风格，可以通过材料质地的强对比与不对称因素来增加艺术丰富性。

自由分割手法形式很灵活、自由，通过不同形状的面以及强烈的色彩对比，可以营造出视觉上的多层次感。将面料进行打散分割再重新拼合后，使之形成特殊的面料肌理效果，可丰富面料的艺术欣赏性。

③发射组合体现出运动与旋律美感

放射线、螺旋线都是自然界中最完美的运动形式，以它们为基础可以变幻出丰富多彩的动感曲线。

④渐变组合体现出节奏与空间美感

把视觉元素按大小、方向、虚实、色彩等关系进行渐变组合，可以形成节奏与空间感觉。在材料艺术设计中，色彩与肌理的渐变效果最佳，应用也最广泛。

（3）视觉元素的空间形式

空间上的深度可以使服装材料呈现多层次的美感，而视觉元素通过一定的形式可以形成空间感。

①点状肌理的疏密形成的立体空间

疏与密是虚与实的一种对比表现。点状肌理在密集状态下有前进的感觉，在稀疏状态下有后退的感觉。在满足人体美学的前提下，点状肌理疏密排列所产生的视错感可以使服装材料呈现出丰富的空间感觉，由密到疏的规则的肌理排列可以形成放射性的旋律，而放射形本身就有一种多层次的空间感。

②线状肌理的变化形成的立体空间

把材料中的线状肌理进行方向对比、位置对比、虚实对比，可以形成许多巧妙的伸展空间。材料艺术中的复杂曲线设计多以植物造型的形象出现，且以衬托人体的美感为出发点。具有生命张力的植物造型线具有优美的旋律感与空间的延伸感。把不同方向与角度的条纹面料进行拼接与组合，可使条纹旋律发生变化，能改变二维面料的单调，使之具有视觉层次感。

③材料重叠而形成的立体空间

进行材料重叠就是为了形成多层次的空间造型。同一种材料的重叠很容易达到该目的，多种材料重叠时，由于材料的个性表现丰富多彩，设计师要对材料的空间感觉与风格情调进行具体分析，选择出适当的材料来进行重叠设计。材料的硬与软、厚与薄、透明与不透明，都会对立体空间的形成产生直接的影响。

④大小与虚实对比形成的立体空间

近大远小、近实远虚，服装材料的视觉元素可以运用这种方式来形成立体空间。设计师一般可在形体、材质、色彩上入手，如形体的大小、虚实，色彩的明暗等。

2.服装材料与立体构成

材料的立体构成设计，表现的是三维效果，而空间、光影等因素，会形成立体感和空间感。这种设计手法可以形成层次丰富、虚实搭配、重叠穿插的空间效果，较之平面效果更具观赏美感。

（1）服装材料的立体造型分类

材料艺术中的立体造型有半立体、立体之分。

①半立体造型

具有浮雕感的立体造型，一般被称为半立体造型。通过对面料进行皱褶、折叠、镂空等操作，设计师可以得到此效果。服装材料的半立体造型还包括其他一些有明显凹凸感的肌理纹样，比如，加有衬垫的贴绣，和粗线材料绣成的纹样、珠绣，以及各种有体积感的嵌条或滚条、缝缀的纽扣等。

②立体造型

具有完全立体造型或者与服装相分离的装饰物，叫作立体造型。立体花、流苏、荷叶边、各种结饰等都属于立体造型。材料艺术已经不满足于表面效果的丰富，服装可以由具有完全立体造型的材料堆砌而成。

（2）服装材料的立体造型设计

①服装材料的肌理形态设计

服装材料的肌理形态设计主要从对自然形态和抽象形态的联想与创造方面着手。

在对自然形态的联想与创造中，设计师们采用的最为广泛的是来自大自然的形式。花卉的造型、肌理，流动的水波，岩石的纹理，这些来源于大自然的形态，可使服装呈现出一种独特的意境神韵之美。服装材料的个性影响着各肌理形态的塑造，设计师要掌握不同服装材料的塑形效果。

在对抽象形态的联想与创造中，设计师一般会采用几何形态来表达抽象的概念与形态。设计师要敏感把握几何形态肌理的视觉特征。单一的基本肌理形态的组合，强调的是肌理本身的形态之美；多种肌理形态的组合，可表现出各种肌理形态的对比之美。不同肌理形态的组合搭配可以形成丰富的视觉美感，但要注意把握尺度，否则会产生烦乱、无序的感觉。

②服装材料的空间造型设计

肌理形态存在于空间中，形态本身的结构、组织与光线、明暗、色彩等共同构成了空间造型。服装材料的空间造型包含实体与虚体两部分，造型的自身形态就是实体，光线、明暗、色彩因素构成了材料空间造型的虚体。不同空间结构与组织形式的造型，由于光影的折射，能产生丰富的视觉变化，而且各异的光影效果具有不同的空间感。

重复式空间造型，可形成单纯而规则的光影效果。如蜂巢式立体造型，整体具有强烈的空间感，为了打破渐变重复造成的反复、单纯之感，设计师可以对基本形进行位置、数量与方向的变化。

放射式空间造型，可形成流畅而动感的光影效果。如放射式褶裥，在华美的闪光面料上光影效果最佳，设计师还可以通过方向与疏密对比来强化这种空间感，其造型在丰富的光影变化下会形成优美的律动感，并且会随着不同的人体空间造型、肢体运动而产生的光线变化而变化，在多层次的美感之中更可凸显高贵之气。

螺旋式空间造型，可形成精致而优美的光影效果，其造型蕴含着呼之欲出的旺盛生命力，如果再加上优雅、妩媚的色彩，整体就会显现出现代的浪漫主义风格。

自由式空间造型，可形成动感而随意的光影效果。当自由式空间造型以曲线的造型形象出现时，其伸展的立体造型线可以沿着人体的曲线而游走，会有一种富于生命力的动态美与空间美感。三宅一生名为格伦布的长裙多可被随意调节造型，形成无边界的创意空间。

在服装材料的空间造型设计中，单一色彩的运用可以突出同服装材料的空间对比（虚与实、大与小、疏与密等），达到强化立体造型的设计目的。

3. 服装材料与色彩构成

（1）服装材料的色彩表情

无论彩色还是无彩色，每种颜色都有自己的表情特征。每一种色相，当它的纯度和明度发生变化，或者处于不同的颜色搭配时，颜色的表情也就随之变化了。

色彩学，包含了美学、光学、心理学和民俗学等。每一种色彩都具有象征意义，当人的视觉接触到某种颜色，其大脑神经便会接收色彩发放的信号，即时产生联想，例如高明度的淡色调象征着明媚、清澈、轻柔、成熟、透明、浪漫、爽朗；高色相饱和度的鲜色调象征着艳丽、华美、活跃、外向、发展、兴奋、刺激、自由、激情；色相饱和度低的暗色调象征着稳重、刚毅、干练、质朴、坚强、沉着、充实；而浅灰调则象征着温柔、轻盈、柔弱、消极、成熟。

经验丰富的设计师，往往能借色彩的运用，勾起一般人心理上的联想，从而达到设计的目的。色彩是决定服装材料风格情调的重要因素，因此色彩的应用是考验设计师设计能力的关键所在。

（2）服装材料的色彩肌理

材料色彩的视觉效果，会受到材料表面的组织结构吸收与反射光能力的影响。光滑的材料表面反光能力很强，其色彩不够稳定，明度有提高的现象；粗糙的表面反光能力很弱，色彩稳定；材料表面粗糙到一定程度后，明度和纯度比实际有所降低。因此，同一种颜色，用在不同的材料上会产生不同的颜色效果，这就是色彩肌理。

在硬材料上覆盖薄纱，其色彩会发生改变，这是人们都知道的简单道理，也是在材料艺术设计中被大量采用的一种组合方法。许多设计师都善于运用材料的透感（层叠感），这样不仅可以削弱大面积的单色对比时容易产生的沉闷感觉，而且底料在硬挺薄纱的映衬下，在显与隐之间，会透着丰富的层次与朦胧美感。

（3）服装材料的色彩空间

色彩的空间感觉，是利用色彩的属性对比与面积对比来实现的。下面具体谈一谈材料在色彩搭配中所产生的视觉空间感觉。

①材料色彩的明度对比可产生轻与重、显与隐的视觉空间感

高明度的材料显得轻，有辉煌之感；低明度材料显得重，有朴素之感。材料的明度对比较强时，光感强，形象的清晰程度高、锐利；对比弱会显得柔和、单薄、晦暗；对比太强时，会产生生硬、空间、炫目、简单化等感觉。

②材料色彩的色相对比可产生冷与暖、远与近的视觉空间感

暖色属于前进色，冷色属于后退色，材料色彩的冷暖对比可产生远与近的空间感。

同类色相的材料非常容易进行搭配，只在明度和纯度上进行对比即可。这种搭配显得单纯而协调，不会有强烈的色彩空间。

邻近色相的材料搭配起来会显得丰富、活泼一些，它的色彩空间感觉就比同类色对比强一些。

互补色相的材料搭配会产生强烈的视觉张力，使服装充满活力与野性，形成激情四溢的色彩空间。不过这种搭配因为过于刺激，容易让人产生审美疲劳。对互补色的材料进行组织时，最佳的方法莫过于运用缓冲色。黑色可以说是所有鲜艳色彩的最佳缓冲色，黑色给人的印象是神秘、寂静和严肃，是一种坚实的表现，它被认为是最容易和其他色彩搭配的颜色。将白、金、银色作为对比色的缓冲色，效果同样不错。在材料艺术中，黑、白缓冲色多被作为底色来运用。

③材料色彩的彩度对比可产生前与后、锐与柔的视觉空间感

彩度高的色彩具有膨胀感，属于前进色，彩度低的色彩具有收缩感，属于后退色。高彩度色的材料能够使人产生强烈的视觉兴趣，有锐利感，但容易使人疲倦，不能被人持久注视；低彩度色的材料则比较含蓄、柔和，视觉兴趣弱，能被人持久注视，不过会有平淡乏味之感。在材料搭配中，当彩度对比不足时，往往会出现粉、脏、灰、闷、单调的感觉；彩度对比过强时，则会出现生硬、杂乱、刺激、眩目的感觉。

④材料色彩的面积对比可产生多与少、大与小的视觉空间感

除了属性对比，色彩的面积对比也是很重要的空间要素。对两种以上的材料进行组合时，设计师要考虑材料色彩之间应该有什么样的面积分配才算是和谐的。设计师需要有敏锐的色量感，这样才能很好地去把握整体的平衡感。

三、服装材料艺术与服装设计的有机融合

材料艺术的表现形式无论怎样变化，都不能脱离服装这一载体而孤立存在。在服装设计中，设计师追求的是服装材料艺术与服装设计的有机融合、审美形式的有机统一、审美效果的完美和谐。服装设计的美不只在于华丽的面料、时尚的色彩、新潮的款式、别致的装饰，也在于整体设计的完美和谐。因此，在进行材料艺术设计时，设计师必须考虑材料将如何应用于服装设计之中，这是设计过程

不可或缺的因素。

（一）服装材料艺术与设计主题风格

服装设计主题是设计者所要表达的中心意念，而中心意念是通过材料媒介表现出来的设计者的审美内蕴、追求和艺术表现形式。材料艺术形式与设计思维理念结合，会形成一定的主题风格。

同样的服装主题风格，运用不同的材料进行再创作，所表达的感觉就会有所不同。服装材料艺术在改变材料外观的同时，也可更大程度地发挥材质本身的视觉美感。设计师应当对材料的运用和比例的分配有着与生俱来的敏锐力和掌控力，要挖掘每一种材料在设计中可能具有的潜能。

对于各种材料艺术元素的组合搭配与服装主题风格的融合，人们有着正反两个方面的理解。所谓正面理解就是沿用传统思维模式的设计理念，更直观、更全面地通过材料艺术来感受服装的主题风格，也就是下面要讲的第一点——材料艺术元素与主题风格；反面理解就是进行换位思考，这一点会在第二点——材料艺术设计与主题风格中进行阐述。

1. 材料艺术元素与主题风格

服装主题风格所表达的意蕴，需要被当作实质媒介的材料艺术元素来表现。因为各元素本身所表达的意念有所不同，不同的主题风格需要相应的材料艺术元素来进行组合搭配。服装设计师们根据消费者的主观意愿与习惯，衍生出一套传统的主题风格与材料艺术元素的组合。

奢华与复古风格的材料艺术元素包括：华丽的面料与色彩精美的刺绣、层叠的荷叶边与蕾丝花边、繁复的珠绣与烫钻、手工制成的立体花朵装饰、夸张的抓褶手法、典型的装饰主义风格。

优雅与柔美风格的材料艺术元素包括：上乘的质料、各种深浅彩度呈现的灰色与黑色调、褶皱、花边、盘花、印花、简洁流畅的整体装饰。

阳刚与硬朗风格的材料艺术元素包括：硬挺的材料、深色调与暗色调的色彩、拉链、纽扣、流苏、缉线、饰钉、抽绳等。

前卫与现代风格的材料艺术元素包括：具有未来感的亮光材质、金属或对比强烈的色调、亮片、拉链、饰钉、镂空等。

运动与休闲风格的材料艺术元素包括：可进行自由分割的材料、强烈的色彩对比、旋律感十足的线条、系扎、拉链等。

民族与民俗风格的材料艺术元素包括：浓郁的色彩、刺绣、编结、镂空、流苏、手绘等。

2. 材料艺术设计与主题风格

通过变换主题风格下的某些材料艺术元素，或者是开发新的材料艺术手法，设计师可达到材料艺术设计与丰富主题风格的目的。

在设计中，设计师可以进行多种材料艺术元素及格调的打散组合，不同风格的材料艺术元素进行组合搭配可以使服装呈现全新的风貌，这可以为设计师带来更多且更富有创造性的设计理念。下面以设计作品为例来进行分析。

克瑞斯汀·拉夸的礼服，兼具古典与民族风格的材料艺术元素：华丽的面料与色彩，精美的刺绣、编结、贴花、流苏等，这种融合是非常成功的。他在刺绣中明显汲取了高彩度、强对比的中国传统的配色方法。强烈的对比色在金、白中性色的缓冲配合下，使服装显得富丽堂皇。流苏与简洁的布绣、珠饰改变了整体过分阴柔而奢华的感觉，使礼服平添了一份野性之美。

克瑞斯汀·拉夸的另一款大衣在设计中采用了具有朴素感的毛质面料，其遍布衣身的粗质毛线绣，两袖的粗糙贴花绣与缝缀的毛线织花，无一不透着童趣与快乐，只有领部与袖口部的羽毛才可显示一定程度的华贵。它没有拒人于千里之外的奢华感觉，在高贵中透着亲切，温暖而舒适，处处显现出了拉夸对特殊肌理的偏好及对材料的创造能力。

时下，"低碳生活"如同一缕轻风吹进了人们的生活，它与我们所倡导的环境保护、绿色生活相融合。受其影响，人们的着装逐渐注重低碳环保。低碳环保服装会将着装者带入花香鸟语的自然之中，缀满花朵的棉织短上衣、宽松舒适的花型棉质灯笼裙、色彩艳丽的项链和夸张的手镯，充分演绎了人与自然相融合的理念。

设计者应从材料艺术元素与主题风格中理解并掌握一些基本的材料艺术设计概念，但是不要让它成为束缚设计思维的枷锁，优秀的设计师应该尽可能地放弃一些约束，随心所欲地发挥自己头脑中的创造意念。把面料作为艺术品去创造，不但可以开拓广阔的设计空间，同时还会提升服装设计品位。

（二）服装材料艺术与造型表现

如果单纯地追求服装材料艺术创意，设计师只能局部地把握材料艺术的设计表现。材料艺术的创意与服装造型的结合脱节或出现失衡，不但无法清楚地表达材料的设计表现，还会导致整个设计的模糊、混乱、晦涩、生硬和难懂，给人一种不伦不类的设计感觉。因此，在进行材料艺术与服装造型的融合时，设计师要时刻注意以下几点。

1. 材料的造型装饰部位是表现服装设计造型的中心

决定服装造型的主要部位是肩、胸、腰、臀与底摆，设计师多在这些部位上进行重点设计，使之形成一个视觉中心，这也是材料造型装饰的重点表现部位。现代服装造型设计已经不是单纯地强调外形的变化，而是把设计重点放在丰富的肌理变化及多维的空间感觉上，各个造型部位甚至可以融为一体，如肩与领、肩与袖以及肩与胸的一体化设计，融为一体的造型能够进行更加自由、更具创意的材料造型装饰。

2. 材料的肌理装饰是表现人体美的重点

这是设计师惯用的手法之一。服装材料艺术与服装造型设计首先注重的都是人体结构空间，此外设计师还要考虑到人体运动时的机能性及动态美。根据人体结构，设计师还可以进行趣味性的肌理设计。设计师可通过编结手法制作出人体骨骼形态的肌理。服装是依附于人体的，因而其外部物质形态会受到人体体型的限制，服装的艺术性也必然受到材料特性的限制。材料艺术以人体的舒适度为根本，设计师应当摒弃那些会对人体造成伤害的材料，如锋利的金属片、笨重的木质材料等。

3. 材料的塑型方式是决定体积感的关键

不同塑型方式可以产生各异的体积感。不管是具有塑型功能的材质（硬材料），还是柔软轻薄的材质（软材料），虽然它们拥有不同的量感，但经过巧妙处理，它们都能构成许多巧妙的体积与空间，这些空间是为了更好地展现人体与材质的美感，因此它们不光要和人体这个大空间和谐统一，设计师还要掌握材质的不同塑型方式。硬材料能很容易地达到造型的目的，而软材料则需要得到特殊的手法处理才能形成强烈的空间感觉，比如夸张的叠、皱、褶等手法。运用硬材料与软材料反差极大的塑型效果，设计师可以增加造型的趣味性与深度感。如：三宅一生非常善于运用软、硬材料的对比，衬托出两者截然相反的体积感。从材料入手，他设计了三种不同的织品，这些织品均能达到简便易穿的要求，这些织物分别是 Splash、Twist 和 Pleat Please。这三种织品各具特色，但都以皱褶的处理为基本形式。设计师经过特殊的整理塑型，不仅使织物具有随身舒适的效果，使它在造型美感方面的作用发挥到了极致，而且使织物在裁剪之前，已具有了独立的表现力，成为艺术品。流水一样的折线更突出了软材料的"软"，硬朗而膨胀的折叠方式使得硬材料的"硬"被发挥得淋漓尽致。

4. 材料的色彩变化影响着服装造型的风格

材料的色彩变化影响了材料本身的特性和服装造型的体积感，色彩肌理是设计师在服装造型设计过程中必须要考虑的问题。明亮而洁净的色彩不仅能打消硬挺材料的沉重之感，更能使整体服装造型呈现出一种轻盈的视觉效果，反之亦然，轻盈的白色在硬挺的材料中同样具有量感；低明度、低纯度的软材料可以使简洁的造型增加量感。

以造型设计为主要目标时，材料艺术会成为表现造型的艺术手段。设计师为了突出服装造型的独特性，对于材料的色彩应尽可能使用单色调，只在需要强调夸张的造型部位进行材料的艺术创造。在设计过程当中，设计师要根据材料的风格情调来定位，其中最重要的是把握材料的塑型性，如：用孔雀羽毛设计的服装，暗示出人类对原始的追忆。选用亮片、线绳等材料，设计师可表现孔雀与鹤栩栩如生的交叠形象。

以材料艺术为设计重点时，造型的设计是为了使材料艺术达到更加理想的表现效果。比如运用简单的造型来使繁杂、夸张的材料艺术元素得到统一。通过面料来反映设计主题，这是设计师越来越常用的一种创作手法。要先进行面料创意，然后根据面料的创意设计款式。

材料艺术是将视觉、触觉等感觉形式作为欣赏的一种艺术形态，设计师应该具备丰富的感性意识与创造性的思维方式。目前的一种主流观点认为，自 20 世纪 50 年代起，服装界产生了多变的服装外造型之后，至今可以说造型设计已经发展到极致，未来的服装设计在造型上很难有更大的突破，而材料艺术却拥有无限的创造空间。服装设计师直接参与到材料的基础设计与生产当中，不仅能使材料产业与服装设计贴合得更加紧密，还可提升服装设计的整体艺术品位。

第四章　服装设计中的艺术美与科技美

本章为服装设计中的艺术美与科技美。在服装设计领域，艺术美和科技美的结合是现代时尚界的一大亮点。设计师们在创作过程中，可以巧妙地将艺术美和科技美融合在一起，使每一件服装作品既具有独特的艺术魅力，又具备良好的功能性和舒适度。这种双重美的结合，不仅能提升服装的审美价值，还可拓展服装的应用场景，使之在日常生活中更具实用性和时尚感。

第一节　服装设计中的艺术美

艺术美是艺术家遵循美学法则所创造出的美学产物，他们在审美理念的指导下，可运用各类材料将审美意识通过具体事物表现出来。只有对艺术美有一定的认知，才能欣赏并理解服装设计中的艺术美。服装设计的艺术美并非孤立存在的，作为艺术的一部分，服装设计同其他艺术形式存在着广泛的交流和互相渗透的关系，因此其艺术美深受绘画、建筑等其他视觉艺术形式的影响。设计师可汲取不同艺术风格和流派的精髓，并将之通过各种饰品装饰、刺绣等工艺手法表现出来。这不仅能赋予设计作品以独特的艺术美感，更可实现视觉美感的充分展现与传达。

一、服装设计艺术美的产生

服装设计艺术美是以服装为媒介，将现实美进行集中、概括与提炼后的具象化呈现，是艺术家独特的审美意识的物化过程。人们在此过程中，不仅能够获得视觉上的享受，更能满足其身体与精神的双重需求。为持续滋养人们的精神世界，我们需不断对客观现实之美进行创新与再创造。例如，城市环境的美化旨在让城市中的人们能随时随地感受自然之美；文学作品中对山水人文的细腻描绘，是为了让读者更好地体验山水风光。同样，流行时尚服装的设计，也是为了在满足人们心理与身体需求的同时，展现着时代的精神风貌与审美追求。艺术美的创造，根植于美的内在规律，设计师是对自然物象进行美的提炼与升华的过程。这一过程，不仅能形成人化自然的艺术美，更可彰显人类创造艺术美的卓越智慧与无限可能。

艺术美追求的是健康向上的道德伦理思想和高尚的人文情操，通过艺术手段进行创造表现是构成艺术美的原因。艺术的理想和宗旨是创造美、表现美。艺术创作是以对象原有形式反映对象，如创作表达服装设计的艺术美，要具体感受不同时代、不同时期的服装设计之美，并要对这些感受进行比较、分析、选择，以创造更符合时代审美需要的设计作品。艺术创作活动虽具有一定的抽象因素，在与感性对象的接触中，主体原有的概念会形成新的概念，这是一种思维的抽象过程。但艺术美的创造毕竟不是理论，它必然会产生可视的富有特征的艺术形象或艺术形式。如旧石器时代的山顶洞人，在长期的劳动实践中，已逐步懂得磨制与钻孔技术，他们把兽牙、石珠和蚌壳等钻孔穿成串，佩戴在身上作为装饰，同时还把树枝、树叶编织起来，围在身上用来保暖御寒及遮羞。这些物品反映了先民们在保障物质生活需求的基础上，其审美要求也得到了发展。

二、服装设计艺术美的作用

高雅审美情趣的形成，依赖于高雅的艺术美的熏陶和影响。因此，作为与人们生活息息相关的服装，其设计中表现的艺术美是在与人们朝夕相伴的过程中，在方方面面对人们的审美产生着潜移默化的影响。

141

（一）具有满足人情感需求的作用

艺术的功能中最显著的一个方面就是对情感的激发与传达。艺术是人们抒发情感的重要载体，而情感也是艺术作品的核心。艺术能以其独有的方式，激发并引导人们的情感，使个体产生独特的情感体验。在此历程中，个体的情感、认知与意志会达成统一与平衡。艺术不仅是一场创造活动，更是一个需要情感深度参与的鉴赏过程。艺术家在创作过程中倾注情感，而观众在欣赏时也需以情感为纽带，方能跨越时空的鸿沟，与作品建立深刻的共鸣。作为一种独特的文化形态，艺术还肩负着优化情感信息的使命。它可凭借独特的审美价值，唤醒并塑造人们的审美追求，引导人们向更高尚、更纯粹的情感境界迈进。当人们沉浸于杰出艺术作品的欣赏时，往往会体验到心灵的净化与升华，仿佛经历了一场灵魂的深度洗礼。

艺术能自由地、充分地展示人们认识世界的情感力量，但艺术的世界博大而复杂，时而具体、时而抽象，令人难以捉摸。而服装设计艺术则可化虚为实，更能深刻地表现人类世界丰富多样的情感，使人能从中经历在实际生活中无法接受的种种生活场面，充分地享受到集中而多样化的情感体验，从而使自己的情感世界变得丰富。

（二）具有塑造人的个性、开启人智慧的作用

服装设计艺术美常常用于形容设计师通过对服装审美客体风格的把握和塑造，体现人物的个性，使审美主体的穿着者和欣赏者的灵魂受到陶冶和震撼。服装设计艺术美还可以激发人们的创造性思维和想象。思维是人类智慧的核心，大致包括三种形式，即抽象思维、具象思维、灵感思维，而灵感思维具有十分重要的作用。凡是有些设计经验的人都有这样的体会，服装设计中光靠具象思维和抽象思维是不太容易有创造性突破的，要使设计有创造性突破，就要借助灵感的火花来激发设计师们创造性潜能。服装设计创作灵感的激发需要有多种因素和条

件，目前，人们对其形成机制还在探索之中，但有一点是可以肯定的，音乐、舞蹈、美术、诗歌、戏剧、小说及其他艺术设计所表现的艺术美相同，它往往是启迪心智、激发服装设计创作灵感的契机。

（三）具有提高人的审美能力的作用

在探讨服装设计艺术美的深远影响时，我们不得不强调它在培育和提升人们审美能力方面所扮演的无可替代的角色。审美能力并非人们生而有之，而是人们经由后天的艺术熏陶逐渐被培养起来的。审美能力并非单一维度的存在，而是由审美知觉力、领悟力以及想象力这三种能力共同构成的。审美知觉能够使我们捕捉到服装设计中那些微妙而精致的细节；领悟力则能够让我们深入理解作品背后的文化意蕴、情感表达与时代精神，从而与作品产生深刻的共鸣；想象力则让我们超越现实的束缚，创造出无限可能。诚然，遗传因素为这些能力提供了一定的潜在基础，正如每个人天生就拥有不同的色彩感知能力和空间想象能力。然而，真正决定这些能力能否得以充分发展和展现的，还是后天的艺术滋养与持续努力。服装设计艺术以其独特的魅力和深邃的内涵，为我们提供了一个广阔的学习和实践平台。事实上，服装设计艺术美对人们审美能力的培育作用已经得到了广泛的认可和实证研究的支持。相关统计数据显示，经常接触和欣赏优秀服装设计作品的人群，在审美知觉力、领悟力和想象力等方面均表现出显著的优势。这些人群不仅能够更加敏锐地感知到美的存在和变化，还能够更加深入地理解作品所传达的信息和情感，进而在生活和工作中展现出更加独特的审美品位和创造力。

在浩瀚的艺术长河中，艺术美以其千变万化的形态，跨越时空的界限，触动着每一个观者的心弦。无论是古希腊雕塑的庄重与和谐，还是中国山水画的空灵意境，抑或是现代抽象艺术的自由与奔放，都是艺术美在不同历史时期、不同文化背景下的璀璨绽放。这些作品，不仅是技艺的展示，更是创作者情感与思想的深刻表达，它们以独特的艺术语言，与观者进行着跨越时空的心灵对话。欣赏优秀艺术作品的过程，无疑是一场心灵的洗礼与升华。在欣赏的过程中，我们不仅能够领略到艺术作品所蕴含的深刻内涵与独特魅力，更能在潜移默化中提升自己的审美素养与鉴赏能力。长期浸润于优秀的艺术氛围中，我们的审美标杆自然也会水涨船高，对于美的追求与理解也将更加深入与全面。

服装是人类生活中的必需品，可以说每一个人对服装设计作品都具有一种本能的审美认识，但他们根据各自的审美修养和审美经历，所获得的审美享受是不尽相同的。有的认为高雅，有的认为平庸，有的认为意境深远，有的则认为俗浅，这种差别不仅取决于审美者的世界观，还与审美者养成的审美能力有着直接关系。所以，我们需要用艺术美来提高自身的审美能力，拓宽我们日常生活中对服装美的欣赏选择就是其中一种寻求方式。

三、服装设计艺术美的审美

服装设计艺术美的审美包含三个方面：一是服装设计艺术美的创造者（设计师）；二是服装设计艺术美的审美对象（服装）；三是服装设计艺术美的欣赏者（服装穿用者和欣赏者）。服装设计艺术美的审美具有下列特点与性质。

（一）服装设计艺术美审美直觉性

审美经验告诉我们，审美对象美与不美的感受和判断，往往产生于瞬间的直觉。艺术美审美，不是先有理智的判断和逻辑的解析，然后才获得的美感。艺术美审美的感觉不同于一般的感官感觉，它是一种融汇和沉淀了各种复杂观念，渗透和内蕴着理性因素的高级精神感觉。

艺术美审美的直觉性具有三个特点：一是感受和判断的统一；二是表象性和意蕴性的统一；三是新鲜性和经验性的统一。

服装设计艺术美的审美感受是通过审美对象的感性状貌表达出来的，如服装的款式造型、色彩、质感、肌理、线条、配饰等构成关系直接的感知或表象，都可以被称作感性状貌，即美感是凭人对形象的瞬间直觉而体现的。这是因为审美对象都有一定的感性形象以及外部特征，人们只有通过这些外部特征才能体验美的形象。例如在时装表演中，若没有设计师独具匠心的作品，没有模特佳丽美妙动人的展示，没有恰到好处的音响灯光配置，台下的观众就不可能产生美感。服装设计艺术美审美首先需要提供的就是人们可感受的生动、具体的形象。

（二）服装设计艺术美审美再创造性

服装设计艺术美的审美与其他审美对象的审美一样，都必须得到审美的再创造。任何具体的审美都既被创造，又被接受。不过，服装设计艺术美审美的再创造性与艺术家对艺术作品的创造不同，纯艺术作品是以特定的艺术鉴赏对象为基础的再创造。

服装设计艺术美审美的再创造性具有两个特点：第一，是自由性和确定性的结合；第二，是共时性和历时性的辩证统一。在服装设计领域，中国的民族、民间艺术受到国际设计师的青睐，这已成为很多服装设计师灵感的来源之一。如世界著名设计师加里亚诺就曾推出中国元素的设计作品，这体现了东西方文化融合的多元化内涵，而中国服装设计师张肇达同样也以中国传统文化进行了服装设计的再创造。

四、服装设计与其他艺术形式的融合

（一）服装设计中的刺绣艺术美

刺绣是我国优秀的传统文化之一，它通过样式各异的刺绣图案，反映出了我国人民对生活的美好向往和对美的独特追求。刺绣艺术与服装相结合，更能体现出刺绣独特的艺术美。如今，刺绣与服装的结合，不局限于少数民族的服饰，更是和普通大众的服装、流行服饰以及外国服饰相结合，体现出了不同的美感。

1.刺绣与服装设计的结合

刺绣艺术，最初作为装饰或生活用品的一部分而存在，随后逐渐融入服饰之中，成为众多少数民族服饰中不可或缺的元素。刺绣技术使服饰更具美感，人们运用高超的刺绣技术，可在服饰上呈现出一系列精妙绝伦的图案，其中常见的山水、花鸟等图案更是深受人们喜爱。刺绣作品多出现在服饰的袖口、领口等显著位置，以其独特的艺术魅力起到修饰与点缀的作用。

随着刺绣艺术的不断发展与演进，刺绣已不再局限于少数民族服饰的范畴，而是与各类服装实现了广泛的融合。这种融合不仅体现了刺绣艺术的广泛适用性，也展现了其与时俱进、不断创新的生命力。更为引人注目的是，刺绣艺术已经跨越国界，与国际时尚品牌携手，成功进入国际市场，成为连接东西方文化的桥梁。在时装周的舞台上，刺绣与时尚元素的完美结合更是令人瞩目。设计师们巧妙地将刺绣艺术融入现代时装设计之中，创造出了一件件令人叹为观止的名品。这些作品不仅展现了刺绣技艺的精湛与独特，也凸显了服装的整体美感与独特魅力。

综上所述，刺绣与服装设计的结合，不仅是技术与图案的交融，更是古典与现代、东方与西方文化的碰撞与融合。这种融合不仅丰富了服装设计的表现形式与内涵，也为刺绣艺术的传承与发展注入了新的活力与动力。

2.刺绣在服装设计中的作用

刺绣与服装设计结合体现在颜色和整体美感上。

首先，刺绣作为源远流长的传统手工艺术，通过山水、花鸟等图案，深刻传达了劳动人民的审美追求与生活态度。而服装设计与人们的日常生活紧密相连，人们通过服装设计能够更加直观地感受到设计者的美学理念与情感寄托。可以说，刺绣与服装设计的结合，为刺绣工艺提供了更加直接且有效的美感表达途径。刺绣图案与工艺在服装设计中的巧妙运用，不仅让人深刻领悟到刺绣艺术的独特美感，更促进了刺绣文化的传承与发展。

其次，刺绣作为服装设计中的重要元素，可充分展现设计者的独特创意与构想。不同服饰上的刺绣图案往往能够成为整体设计的点睛之笔，凸显服饰的整体风格。例如，山水、花鸟等刺绣图案，能够让人感受到自然之美，使服饰呈现出淡雅、朴素之感；活泼、鲜明的图案能够给人以天真、童趣之感，更适合儿童服饰。

最后，刺绣在服装设计中的位置，对于艺术美感的表达同样具有至关重要的作用。在领口、袖口、裤脚等细节部位巧妙点缀刺绣图案，不仅能够使服装看起来更精致，还能够辅助服装整体设计效果的表达。而位于服装明显位置的刺绣图案，则更是对整体美感起着至关重要的决定性作用，决定了服装的整体风格。因此，在服装设计中合理安排刺绣元素的位置，不仅能够丰富设计层次与内涵，还能够为观者带来更加深刻的视觉体验与情感共鸣。

刺绣艺术，作为中华民族的传统瑰宝，承载着丰富的文化内涵和精湛的技艺。每一针每一线，都蕴含着匠人的心血与智慧，诉说着古老而动人的故事。在服装设计中融入刺绣元素，不仅能够为服装增添一份独特的韵味和质感，更能使人们在穿着时感受到传统文化的魅力与温度。这种结合，让刺绣艺术得以在时尚界大放异彩，被更多年轻人所熟知和喜爱，进而促进了传统文化的传承与发展。而服装设计，作为艺术与技术的完美结合体，一直以来都在不断探索新的表现手法和风格。刺绣艺术的加入，无疑为服装设计提供了更为丰富的素材和灵感来源。设计师们可以通过刺绣图案的巧妙运用，来表达自己的设计理念和情感色彩，使服装在视觉上更加具有层次感和艺术感。同时，刺绣艺术所蕴含的精细工艺和匠心精神，也促使设计师们在创作过程中更加注重细节和品质的追求，从而推动整个服装设计行业向更高水平发展。

3. 刺绣在服装设计中艺术美的体现

刺绣在服装设计中的艺术美通过图案、颜色、位置等手法表现。

刺绣图案在服装设计中占据着关键地位，它们是服装设计整体风格的重要体现。刺绣图案在服装中的功能多样，它们既可以作为装饰元素点缀服装，也可以成为服装设计的主体，甚至成为品牌标识的重要组成部分。随着刺绣艺术与服装设计的深度融合，刺绣图案的题材已不再局限于传统的山水、花鸟等图案，而是进一步扩展到更多贴近日常生活的题材，这一变化见证了中华传统文化与当代社会文化的有机融合。

颜色在刺绣艺术美的体现中有着重要作用。在服装设计中，刺绣的颜色选择可深刻反映设计的情感基调。鲜艳的色彩，如绿色与黄色，会给人以活跃、明快与清爽的感官体验；而暖色调的红与橘，则可营造出热情洋溢与温暖舒适的氛围。刺绣颜色作为直观的艺术表达手段，可精准地传递服装设计的情感色彩。此外，刺绣与服装主体颜色的对比或衬托也是不容忽视的设计要素。当两者间存在显著反差时，刺绣图案便脱颖而出，成为设计的焦点，其内在意义也随之得到凸显；而当两者协调统一时，刺绣与服装则相互映衬，共同展现出和谐统一的美感。

在服装中，刺绣艺术展现了丰富的艺术美感，且其位置选择也极为讲究。无论是领口、袖口等细节部位，还是服装的中心或显眼位置，刺绣都能以不同的方式表达美感，并对服装的整体艺术效果产生深远的影响。领口与袖口的刺绣往往以装饰为主，可增添服装的精致感；而位于服装中心或显眼位置的刺绣则可直接传达出强烈的艺术美感，成为吸引视线的焦点。

刺绣在服装设计领域的运用，深刻拓宽了美学表达的边界。在不懈的探索与实践中，我们逐步领略到了源自不同文化背景的美学碰撞、色彩冲击以及图案融合的独特魅力。刺绣技法的融入，不仅让多元化的艺术美感得以淋漓尽致地展现，更为广大观众开启了全新的艺术审美视角。这些富有创新性的艺术表达手法，不仅激发了人们对于未来艺术发展方向的深刻思考，更为艺术领域的持续进步与发展注入了强劲动力。刺绣在服装艺术美表达中占据着举足轻重的地位，与服装设计的巧妙融合，更是将中华传统文化的深厚底蕴与独特魅力展现得淋漓尽致，使服装彰显出别具一格的东方美学韵味。

（二）服装设计中的剪纸艺术美

剪纸艺术在我国已经拥有几千年的历史，是我国古老而珍贵的文化艺术形式。剪纸要求人们利用手工裁剪，用明亮、鲜艳的色彩点染而成，是一种镂空艺术。剪纸艺术取材广泛，图案种类繁多，带有吉祥寓意。剪纸艺术凭借自身独特的魅力逐渐被人们喜爱和使用，特别是在服装领域，它以浓烈的地域风情和深刻的情感内涵受到了中外服装设计师的青睐。剪纸艺术的独特魅力成为服装设计师设计灵感的来源之一。服装设计从剪纸的图形美中吸取了点线面不同的装饰美启示，在剪纸的构图美中吸取了虚实构图法则，在剪纸的色彩美中吸取了和谐统一与点缀对比的色彩美法则，因此剪纸艺术美为服装设计注入了勃勃生机。

1. 剪纸艺术与服装设计结合的意义

（1）传统文化的传承和发展

剪纸艺术是我国传统文化之一，承载着深厚的历史底蕴与美学价值。将其图案精妙地融入现代服装设计之中，一方面，能够塑造穿着者的历史文化气质，提升其整体的文化审美层次；另一方面，它有助于我们推动文化的创新、传承与发展。

（2）艺术美感的提升与表达

图案的多样化是剪纸艺术的特点之一，这些图案往往带有一定的文化底蕴和传统色彩，将之融入现代服装设计中，可以显著提升服装的艺术美感。剪纸图案线条流畅自然，纹样繁复多变，可极大地增强服装的表现力与视觉冲击力。设计师能巧妙地运用剪纸图案，将服装转化为生动的艺术品，使之更具观赏性，并赋予其独特的艺术魅力。

2. 剪纸艺术的美学原理

（1）阴阳虚实的镂空剪刻技法

剪纸艺术通过在纸张之上，运用"剪"或"刻"的技法精心雕琢图案来呈现其独特的艺术魅力。在其创作过程中，实形与虚形相互交织，可呈现出图形与镂空的精妙变化。此艺术手法通过阴阳、虚实的鲜明对比，可使剪纸这一平面艺术更具层次感，给人以深刻而独特的审美体验。

（2）饱满、圆润的构成之美

民间剪纸艺术表现了人们追求圆满的美好愿望。一方面，剪纸采用散点构图，可极力呈现出完整的场景和人物；另一方面，我们在剪纸中常见对称、均衡、重复、连续等手法，这些都能使剪纸呈现出饱满圆润的美感。

（3）吉祥的寓意美、意象美

剪纸的题材广泛，多聚焦于喜庆吉祥、幸福长寿等积极向上的主题，可深刻体现人们对美好生活的深切向往与追求。在结婚、祝寿等场合，人们习惯于在剪纸中用喜、寿等图纹，反映美好愿望，这体现了剪纸艺术的寓意美。写意是中国传统美学的精髓，剪纸艺术也不例外，其作品中蕴含着丰富的意象之美。人们往往会通过剪纸将"喜庆""福气"等抽象意象转为具象图案，如"柿柿"如意、年年有"鱼"等。在剪纸的世界里，人们几乎难以寻觅到悲伤或忧愁的题材，这进一步彰显了其乐观向上、充满正能量的艺术特色。

（4）图案色彩的装饰美

中国剪纸艺术在创作过程中，常从动植物中提炼出装饰图案，如以莲花装饰鱼形，以牡丹点缀屋顶。此外，剪纸艺术还广泛取材于民间传说与神话故事，如葫芦、狮虎等纹样，它们被赋予了镇宅辟邪的寓意。在色彩运用上，创作者通常是依据个人喜好及作品的具体用途来选择合适的色彩，不会刻意追求固有色或环境色的还原，而是注重意象色的表达。剪纸所使用的纸张多为单色，如鲜艳的大红、温馨的桃红等，同时也会有套色剪纸，其色彩鲜明，装饰性极强，深受人们的青睐。

3.剪纸艺术对服装设计的启发

（1）剪纸艺术的图形美对服装设计的启示

剪纸艺术的图形美感，根植于"点、线、面"三者的和谐共生。点元素以其多样性著称，包括梅花点、四叶点等，这些点元素经过有序排列，可构筑起剪纸艺术的基础造型。线是剪纸的灵魂，其形态千变万化，包括为毛发线、柳叶线等多种表现形式，可为构型提供坚实的基础。面则是由一系列不规则形状的面所构成的作品。在剪纸艺术中，创作者主要通过阴剪法来创造出独特的块面效果，这进一步增强了剪纸作品的视觉冲击力与艺术感染力。

剪纸艺术中的点、线、面运用在服装设计中，具体表现为以下几个方面：

首先，剪纸艺术中的点主要被运用于服装设计中的装饰图形方面。特别是剪纸艺术中点的镂空透视和重复排列技法在服装设计中最为常见，被用于展示服装的空间美。点元素常见于饰品设计，如围巾、披肩、腰带等的设计上。

其次，剪纸艺术中的线元素主要被运用于服装设计中的形体塑造方面。线的装饰性较强，服装设计在运用线元素时多以曲线为主，以表现人体线条美。服装设计以面为主，因此线元素主要被用于细节的装饰，如裙摆、袖口等。特别是剪纸中的阴剪法所营造出的"线线相断，面面相连"的效果，完美契合了服装设计以线为装饰、以面为整体的需求。

最后，剪纸艺术中的面元素主要被运用于服装设计中的整体造型方面。一方面，服装设计中未被镂空的点与线构成了二维平面，这是"有形"的面，是剪纸技术点、线镂空后的综合表现；另一方面，被镂空的部分也独具艺术性，这种特殊的"无形"的面，会跟随穿着者的动作而不断变化，呈现出一种动态美。

（2）剪纸艺术构图美对服装设计的启示

剪纸创作要经历三个过程，首先是整体的构图布局，其次是边角的装饰性设计，最后是内部的镂空剪裁处理，其中的每个环节都对服装设计有一定的启示。

①对称美

对称构图是剪纸艺术的常见构图形式，常见的有圆形对称、五瓣对称、八角对称等。服装设计也应遵循这种对称美学，这是因为人体结构本身就是对称的。这就要求设计师从人体工学角度出发，在服饰中恰当使用剪纸对称图案，而不是随意构图或拼接。

②边角装饰构图

剪纸起初是被用来祭祀、祈福的物品，负责承载人们的美好希冀，因此追求圆满是剪纸的特征，我们可以发现传统剪纸讲究用图案填满所有区域，这也是圆满思想的表现之一，因此剪纸艺术对于边角的装饰构图十分看重。在边角装饰构图的过程中，创作者还会注重其与整体画面的协调统一，这一点也为服装设计带来了启示。一方面，边角装饰图案可被直接用于服装边角处，使服装更显精致；另一方面，创作者可以结合服装整体造型曲线，选择恰当的边角装饰图案，突出曲线美，使服饰更为优雅得体。

③镂空造型的虚实构图

中国传统艺术强调意境，剪纸也不例外。镂空是剪纸艺术的特点，可展现出一种阴阳相生、虚实结合的意境美，其与中国传统水墨画的"有无"意境异曲同工。剪纸中的"有"为造型本身，"无"为剔除的空间。在服装设计中运用镂空的技术，人体为实、镂空部分为虚，这赋予了服饰空间感与层次感，使服装随人体动作变化展现出动态美。镂空技术的运用秉持尊重隐私和保护身体的基本原则，要求设计师从整体出发进行设计，恰当运用镂空造型。

（3）剪纸色彩美对服装设计的启示

剪纸艺术在色彩表现上，被明确划分为单色与彩色两大类别。单色剪纸，顾名思义，仅采用单一色彩的纸制作而成；而彩色剪纸则更加丰富，它由两种或以上的颜色的纸巧妙组合而成。这两类剪纸艺术均对服装色彩的装饰设计提供了宝贵的参考与借鉴。

单色剪纸以其色彩的纯粹性著称，可给人以高雅、素净的美感。其中，红色作为中国传统"五行色彩"中的重要一员，尤为常用，它已成为剪纸艺术的代名词，深入民心，塑造了人们对剪纸色彩的固定认知。单色剪纸对服装色彩设计的启示在于：一方面，单色服装并不等同于乏味单调，中国传统的素黑、云白、大红、湖蓝等颜色，反而能够展现出一种历经岁月的沉淀，给人以淡雅、沉静之感；另一方面，合理借鉴单色剪纸的色彩运用技巧，有助于提升服装设计的整体统一感，使其在视觉上给人以和谐、舒适之感。同时，在设计过程中，设计师应充分考虑材料本身的固有色，还原其本质之美。

彩色剪纸则以其绚丽多彩的视觉效果而著称，常被用于各种装饰场合。其中，河北蔚县的剪纸以及陕北高原库淑兰的拼贴剪纸，更是彩色剪纸中的杰出代表。它们为服装色彩设计提供了丰富的灵感与参考。在服装设计中，彩色剪纸能够巧妙地被运用在口袋、领结等细节装饰上，可为服装增添一抹亮丽的色彩与独特的韵味。需要注意的是，在运用彩色剪纸元素进行服装设计时，设计师需严格遵循配色原则，还要充分考虑不同人群的色彩偏好与接受度。

剪纸艺术作为中国传统民俗艺术的重要组成部分，其独特的艺术魅力与表现形式为现代设计领域提供了源源不断的灵感与启示。服装设计与剪纸艺术在形式表达上存在着共通之处，它们均具备二维空间的特性。剪纸艺术可通过镂空的手法塑造出精美的图形与图案，而服装设计则可巧妙地运用镂空技巧来展示人体的曲线美与形态美。因此，剪纸艺术对服装设计的启示是广泛而深远的，需要我们在实践中不断探索与创新，以实现传统与现代的完美融合。

（三）服装设计中的汉字艺术美

汉字，作为中华民族五千多年文明历程中积淀下来的宝贵财富，不仅是文化传承的重要载体，更是汉语言艺术精髓的集中展现。其发端于象形文字，内在蕴含着深厚的意象美学价值，这一独特属性为服装设计领域提供了源源不断的创意灵感。虽然汉字的基本笔画只有8种，即点、横、竖、撇、捺、提、折、钩，但汉字的文化内涵和审美特征较为深刻。随着中华文化的发展，汉字已经摆脱了其基本信息记载与传播功能的限制，演化出了多种独具匠心的艺术形式，如书法、篆刻及民间美术等。这些艺术形式共同铸就了鲜明的民族文化标识，为现代审美观念与设计理念提供了支持。汉字，作为情感交流的载体，也是蕴含深厚美学意蕴的艺术元素，其强大的可塑性在服装设计领域尤为显著。由各种线条组合而成的汉字，承载着信息的表达与记录功能，是一种富含多重意义的象征符号。随着现代社会文明的持续繁荣与进步，人们对于汉字的审美追求日益提升，并逐渐形成了形意相融的字体构造体系。这一演变不仅彰显了汉字从单一实用功能向实用与审美双重属性并重的艺术化转型，更体现了它在文化传承与艺术创新中的重要地位。汉字在其发展过程中，呈现出了与服装相似的内在逻辑与美学追求。从深层角度来看，服装设计实际上是将各种艺术元素进行融合的过程，它遵循美学与时尚的规律，可对多元化的素材进行精心策划与编排，旨在为顾客创造出最为理想的着装体验。汉字元素所蕴含的独特美学价值，与服装设计的核心理念不谋而合。将汉字艺术融入我国服饰设计，不仅能契合服装行业发展的实际需求，更有助于深化服装的艺术内涵与民族特色，从而稳健地推动我国服饰设计领域的持续繁荣与进步。

1. 汉字艺术的美学特征

（1）线条美

中国汉字能以线条编织出丰富多彩的故事篇章。每一个字都承载着深厚的历史底蕴，如诗般悠扬，如歌般动人，它们彰显着独特的韵律之美。洛书、甲骨文、金文、篆书等多种字体形态，均是独特的华夏符号，它们共同诠释了线条艺术的魅力。无论笔画是繁是简，线条始终以不同的形态塑造着不同的字体风格，同时它也为服装设计领域带来了无穷无尽的创意灵感。汉字中的直线往往能表现出庄重与典雅的风格，而曲线则蕴含着流畅与自然的美感。在服装设计领域，H形的直线廓形常常被用于男性服饰以表现刚毅的线条。然而，随着中性时尚潮流的兴起，这种廓形也逐渐融入女性西装或大衣的设计。在服装设计领域，曲线则常常被用以修饰女性服饰的轮廓与结构，也常常被用在男女休闲运动装中，打造柔和、轻松且充满活力的服装气质。

（2）形态美

汉字的形态美可以由每个汉字不同的外部特征体现出来。自诞生之日起，汉字历经由符号至图形的演变，逐渐成为如今以线条诠释意义的独特符号。这些线条或强健有力，或流畅洒脱，或秀丽飘然，皆能引发人们对美的感受。如欧阳询的楷书，其字迹庄重、雅致，气度非凡；张芝的草书，其笔触狂放、气势磅礴；王羲之的行书，则婉约含蓄、线条优美，充满生命力。

（3）意象美

汉字的意象美，不仅传递着情感与意义，更是中华文化中独特的艺术表达。汉字，这一中华民族的精神象征，其内在的丰富性可通过每一个字来体现。汉字不仅承担着信息传递与记录的重要职责，更能够流露出言外之意，构建深远且多维的想象空间，这彰显了其作为文化载体的深厚底蕴。举例来说，"秋"字，设计师可通过枯树、孤鸟、落叶、风组成"秋"字的形状，表现出深秋的孤寂与凄凉。在设计过程中，我们尤为重视汉字所蕴含的深远意境美，旨在触动观赏者的心灵深处，进而激发他们的联想与想象。此举不仅能够使作品成功传达创作者的真挚情感，更可深刻地揭示作品所蕴含的信息与内涵，从而能够在受众群体中引发强烈的共鸣。

2. 汉字艺术在服装设计中的应用

（1）直接应用

汉字不仅是文字的载体，更深刻地承载着中华文化，拥有丰富的引申含义，其相比于其他语言更能直击中国人民的心灵。只有当汉字的装饰功能与其文化意蕴完美融合，设计师才能真正将汉字的魅力在服装设计行业中充分发挥出来。

①直接字形应用

在服装设计的领域中，汉字的直接字形应用是一种重要的设计手段。设计师们深受汉字线条与形态美学之启发，根据服装设计的核心理念，精心挑选与主题相契合的汉字、字体及书写风格，进而将这些元素精妙地融入服装面料之中。此外，他们还巧妙融合了扎染、蜡染等古老工艺，以及针织、刺绣等精湛技艺，创造出别具一格、匠心独运的服装艺术作品。现代服装中的字形图案因工艺差异而形成深浅不一的色彩对比，可创造出独特艺术效果。借由染料渗透工艺与线迹布局策略，图案能够呈现出清晰的层次结构，赋予服装鲜明的视觉效果，进而有效地发挥其装饰性功能作用。

②汉字寓意应用

汉字历经数千年的历史，逐渐蕴含了超越其价值之外的象征意义，即"观念的外化"。中国传统服饰常常通过文字图案反映一个时期的社会政治、道德、思想等内容，再加上中国古代图案具有的"图必有意，意必吉祥"特质，如以"吉"为喜、以"祥"为美等，为传统服饰积淀了更为丰富的文化内涵。设计者通常利用汉字图案的这种艺术特性，将特定的表意汉字图案应用在服装中，这可代表设计者寄予穿着者的美好祝愿。如东汉时期的"万事如意"字样锦袍面料，其文字图案的排列体现了节奏韵律与变化统一的形式美法则，面料由五种彩线织造而成，汉字与纹样在服饰上交相搭配、错落有致，"万事如意"四字的文化内涵也体现了古人的美好祝愿；或是借助汉字谐音的特征来表达吉祥的寓意，如鱼在民间通常用来寓意"年年有余"，我国故宫博物院中有一幅以"鱼"为主题的藏品《印彩鲤鱼海水纹布》，该藏品以蓝、白两色相间渲染的水波为底，生动的鲤鱼跃动其间，古有"鲤鱼跃龙门"的神话故事，鲤鱼也寄托着人们渴望美好前途、平步青云的美好祝愿。

③图案结合应用

汉字在服装设计领域内展现出了独特的艺术价值。设计师通过将汉字元素与其他图案元素进行巧妙的融合，赋予了服装以更为丰富的视觉层次和深刻的内涵，增强了服装的艺术表现力。以拉夫·西蒙为例，在其2015年春夏时装系列中，他创新性地引入了老照片与图片元素，并配以"漂流者"这一汉字主题，设计出了"回忆录"。这一"回忆录"既是观众的回忆录，也是设计师自身的回忆录。汉字"漂流者"能让观众们感到自己像是在记忆的河水中慢慢前行。汉字与图案融为一体的设计不仅能直观地展现汉字的魅力，更能让人们感受到设计师的内心世界，也可让穿着者更乐于购买服装以彰显自身的品位。

④饰品造型应用

汉字与诸多非传统质料如金属等进行巧妙融合，能够打造出别具一格的造型。这一特点在饰品、鞋等服装配饰中得到了广泛的应用。以"居中对齐"品牌为例，该品牌巧妙地利用了东方传统美学中的对称美理论，并将其精髓巧妙地融入汉字设计，从而创作了蕴含深厚中国人文哲学奥秘与东方韵味的优秀饰品。

由此可见，汉字元素能够很好地被应用于服饰品，可在服装领域展现出更多的潜力。它能有效满足消费者对个性化服装的多元需求。此类应用不仅契合了时尚潮流的演进趋势，还显著增强了公众对中国风格设计的信任与期待。

（2）间接应用

汉字在服装中的间接应用，可将汉字的线条美学、形态美学与服装的结构与造型设计紧密结合。汉字最初是一种象形文字，从本质上讲，汉字即为图形元素的有序组合。利用各种先进技术，如凸起、挖空、火焗及 3D 打印等，我们得以将平面图形转化为立体造型。设计师们运用解构、堆积与重组的设计方法，让字体得以呈现出新的视觉效果。此类设计不仅深刻融合了设计师的情感与服装的独特风格，还确保了服装既符合现代审美趋势，又能够精准传达设计者的意图。同时，服装在穿着方面也追求舒适与得体的平衡，是彰显个性风采的时尚之选。

汉字的结构与服装结构、造型结合：一是设计师可以运用打散与重组的方式，使汉字失去其原有结构，但笔画清晰可见；二是设计师能以分离与拼接的方式将汉字应用在服装中，打破汉字在人们印象中惯有的形式，如将汉字拆解为若干单独的部分。举例来说，某服装品牌匠心独运，将"鸟"与"琴"作为核心设计元素，巧妙融合了汉字的造型艺术，将字形凝练为简约而富有韵味的图案，精心织入服装。设计师通过解构与重组的创意手法，以及对服装层次的精妙布局，匠心打造出风格独特的服装结构。这一系列作品不仅在视觉上呈现出了耳目一新的效果，更在美感与文化内涵上实现了和谐统一，达到了完美的融合境界。

汉字艺术承载着深厚的艺术底蕴与文化力量，其独特的线条构成、形态表现及深远意境，深刻反映了人类内心深处的美好愿景与情感寄托。作为设计领域的宝贵资源，汉字艺术为设计师们提供了丰富的创意灵感与设计思路。当前，汉字元素在服装设计领域的运用已取得了显著成效，不仅提升了服装的文化意蕴与市场价值，更在全球范围内有效传播了中华文化。然而，我们必须认识到，在传承与创新传统文化的道路上，我们仍面临着诸多挑战与困难。因此，设计师们需进一步深入挖掘汉字的艺术特色与文化内涵，力求在服装设计中实现实用性与艺术性的高度统一。设计师应运用独特的服装设计手法，从款式、面料、色彩等多个维度出发，积极探索传统文化与现代服装设计的融合创新之道。

（四）服装设计中的中国画艺术美

服装是人类精神文明与物质文明的直接体现，设计师在服装设计中能将审美情趣、风俗文化、艺术特色、文明高度和宗教文化等内容巧妙融合，中国画便是其中一部分。中国画属于传统艺术文化的传承物，也是带有中国特色的绘画艺术。在服装设计环节将中国画精神内涵与艺术元素有机结合，使服装兼具艺术感和审美价值，这样既能起到传承传统文化的作用，也能为现代服装设计增添更多活力和色彩。

1. 中国画艺术的美学特征

中国画又被称作丹青，主要指在绢或纸上，将我国所特有的毛笔、水墨及颜料作为绘画工具和材料，依照传统绘画的表现形式和技法来作画。经装裱而成的卷轴画，也被简称为"国画"。中国画是我国传统造型艺术之一，在世界美术领域中自成体系，具有独具一格的美学特征。

（1）和谐美

中国绘画美学是现实主义和浪漫主义的结合体，它强调差异和多元的统一，重视"和谐为美"，以"人与自然""物与我""再现与表现""现实与理想""内容与形式"的和谐统一为艺术的理想。

历代中国画都是以"和谐"为艺术美的准则，不同历史时期对于"和谐美"的特征各有不同的侧重。如中唐以前，绘画偏重于写实、写事、写景、再现"情境"；晚唐以后，绘画重"写意"，偏向抒情、咏志、表现。在造型方面，前期强调"以形写神""形神兼备""气韵生动"，后期趋向"不求形似"，提倡"神似中见形似""不似之似"，以致到后来发展成"写心"，以"但抒我胸中逸气"聊以自娱。

中国绘画的美分为"优美"和"壮美"两种。"优美"是"柔中带刚"，"壮美"则是"刚中有柔",当两者达到和谐即是"刚柔并济"。中唐以后,"诗画本一律",诗是表情,画是状物,一律则表示诗可状物,画也可抒情。"诗画一律"就是再现和表现、情与景的和谐统一。

（2）类型化

古代中国绘画总是将现实和理想结合在一起,并不要求画家个性的突出和发展。画家一方面认为他们可以在现实中找到理想,但是又觉得现实中的美远离理想中的期待,因此他们将现实中所有的美概括集中起来,兼采众长,将现实中的形象塑造成理想典型规范的形象美。

这种定型化的模式、概念充分地体现在中国画的所有体裁中,如中国人物画的面部画法"三白法""三停五步法",人物画服饰的"衣纹十八描",等等。不同类型的人物,都有固定的画法,这种类型化的固定模式在民间绘画中尤为显著,如画诀:"金人物,玉花卉,模糊不尽是山水。富道释,穷判官,辉煌耀眼是神仙。秀美女,呆财神,眉目不正大罪人。"[1]这种类型化的美虽然鲜明、强烈、感人,但是缺乏个性和多样性。

这种类型化的典型模式基本上已经超越现实中的任何个体,所以规范化的符号适用于任何中国画体裁。虽然这种模式缺乏开拓性,但是它为中国绘画美学的"功夫""基础"等形式美和伦理、道德等内容创造了规范条件。

（3）模糊性

中国绘画美学观点兼具模糊性、多义性和不确定性,它是以客观的形、理、神和主观的情、心、思兼备来加以概括,把这种主、客观统一的完整构思被称为"意"。但是也有画家将主观情感单独称为"意",把绘画对象称为"象",而主、客观统一的过程就叫"以意融象",他们将统一体称为"意象"。"意象"又与"意境""典型"相近。

在创作时,偏重于再现的艺术注重塑造艺术典型模式,而偏重于表现的艺术则重视创造艺术意境。但是"意境"不以概念为主,也无特定的规矩可循,却又

---

① 王伯敏. 中国绘画史修订版 [M]. 北京:文化艺术出版社,2009.

趋向某种不确定性，具有一定的社会效果，所以其妙在"有意无意之间"。

（4）综合性

中国绘画的美是一种综合性的美，是画家个性风采、深厚学识、卓越艺术修养以及创作时细腻情感的完美融合。画作所蕴含的丰富思想，自然而然地提升了其整体的格调，进而更加凸显了其独特的美学价值。

中国绘画美学的终极目标是追求"善"的极致，即"尽善尽美"。然而，在现实情境中，人们完美往往难以达到该效果，它通常需要创作者借助理想的助力，方能触及。这种理想在中国绘画中是主观情感与丰富想象的集合。所谓"画梅须高人、非人梅则俗"，这说明了绘画的风格是画家各种条件的总和。

2. 中国画艺术在服装设计中的运用

在中国绘画艺术中，构图布局占据着举足轻重的地位，这一艺术要素被赋予了"章法"的雅称。追溯至南齐时期，谢赫在其著名的"六法"理论中，特别强调了"经营位置"的重要性，这恰恰是其对构图布局的精辟阐述。在中国画的领域中，艺术家们尤为讲究"留白"，构图布局的安排将直接影响到画作最终的效果。现代服装界尝试将中国画的构图理念融入服装设计。造型作为设计三大核心要素之一，其地位的重要性不言而喻。设计师们可从中国画的构图技法中提炼灵感，确保服装设计元素在布局合理的同时又洋溢着艺术美感。这样的造型设计不仅能够严格遵循美学原理，更能充分展现设计师的创意。同时，设计师还可以在注重服装元素安排的同时，利用好不同特性的材质，打造更具独特性的服装造型。

（1）中国画中"留白"艺术在服装设计中的运用

在中国画中，特意在画中部分区域不施底色的技法被称为"留白"技法。它不仅是中国画创作中的重要技法，也是艺术家表达审美追求的独特方式。"留白"艺术能够反映绘画者的创作意图，可使作品达到一种笔墨未及却意蕴深远的艺术境界。在"留白"艺术中，不施底色的区域并非审美义上的空白，正相反，画面中的留白可显著地提升中国画艺术的表达深度，进而形成国画艺术领域内一种独特的风格特征。在中国画艺术的创作中,"留白"为观者提供了极为广阔的思维拓展空间。此技法不仅深刻体现了艺术家对于美学的理解,更通过"暗示"的手法,在画中隐藏了多层次、多维度的情感。画家们以留白技法,能巧妙地触动观者的心灵,使得画面中的空白与墨色相互映衬,虚实相间,共同打造了一种既具体又抽象、既有限又无限的艺术效果。这一独特的艺术手法,使国画作品中的"空白"不再仅仅是缺失或未完成的部分,而是成为激发观者想象、引导情感共鸣的关键所在。它促使观者将画面中的空白之处视为与实体元素同等重要的画面构成部分,从而在观者的心灵层面与作品的艺术层面实现深刻的交流与共鸣。

在现代服装设计中,中国画"留白"技法的巧妙运用,可展现出服饰之美。例如,旗袍的开衩、礼服的裸露设计以及服装的镂空处理,皆为"留白"之精髓。然而,若设计过于依赖重复的符号元素,过度做加法处理,将使服装显得过于直接、繁复,缺乏深意。如此设计难以传达设计师的设计语言,无法激发观者的想象与联想,容易使服装显得空洞无物。因此,设计师在设计时需注重"留白",赋予作品意蕴与灵魂。在现代服装设计的领域中,中国画中"留白"技法的精妙运用,能够有效地彰显服饰的艺术美感。在服装设计过程中,设计师可运用国画中的"留白"技法,通过虚实相生的手法,将设计理念巧妙地呈现出来。这种设计不仅能够让欣赏者获得美的享受,还能够帮助观赏者深入理解设计者的设计理念。服装中的"留白"能以其独特的空间处理方式,以简洁、概括的方式展现服装的魅力。通过精心处理服装与人体之间的虚实关系,设计师突出穿着者的特征,完美地诠释其体态语言和文化品位。

在现代服装设计领域,"留白"的运用并非仅仅是对传统技巧的简单模仿,而是需要设计师深入挖掘并融合"留白"技法中所蕴含的现代审美理念。设计师在创作时,应着眼于整体服装的空间布局,为服装打造虚实结合的美感。一名卓越的服装设计师,不仅要追求个人创意的表达,更需兼顾穿着者的情感体验。他们必须时刻洞察市场,关注消费者的心理接受程度。只有深入理解消费者的生活态度和审美标准,设计作品才能定位精准地满足市场需求,设计师的创意才能引领时尚的潮流。

（2）中国画意境营造在现代服装设计中的借用

中国画，以笔墨为媒介，以写意为精神内核，其深邃内涵根植于我国千年历史中的文化底蕴与美学思想。笔墨与写意共同铸就了我国艺术瑰宝的非凡魅力。在中国画中，意境不仅是绘画作品灵魂的集中体现，更是赋予画作勃勃生机与无限可能的源泉。画家们以深邃的内心世界为依托，将真挚的情感与崇高的理想倾泻于画布之上，同时，他们也不忘以物象的客观形态为基础，通过精湛的技艺与独到的视角，将主观情感与客观物象巧妙融合，从而达到饱含深情、富有生机的艺术境界。

倘若中国画未能深刻挖掘"意境美"的深层内涵，仅仅停留于对自然形态的肤浅模仿，其艺术价值势必会被削减。无论是细腻入微的工笔，还是挥洒自如的写意，中国画始终坚守着"形神兼备"的追求。

现代服装设计中意境的营造，要求设计师结合服装的结构，以简约而不失深度的手法，将个人的创意理念转化为具体的形态。这一过程旨在激发受众的审美联想，触动其内心情感，并引导他们沉浸于对美的深刻感悟与欣赏之中。在产品设计的实践过程中，设计师应采用虚实交融、形神兼备的设计手法。其中，"神"是作品的内核，其在无形中影响着服装的魅力；款式则是可见之"形"，是肉眼可见的服装形象。这种设计手法与中国画中的"意境"有异曲同工之妙，它们皆在无形与有形之间，为作品赋予了深远的内涵与艺术价值。随着社会的持续进步，公众对服装的要求日益考究。个人的衣着打扮，不仅能够展示品位与个性，更能深刻地反映个体的内心世界与价值取向。随着服装功能的持续进化，其蕴含的美学价值愈发受到重视。在当今时代，人们在挑选服装时已不仅仅考虑时尚，转而更加关注服饰承载的个性、气质与品位。这无疑为服装设计师们带来了新的挑战与机遇。

中国画所蕴含的深远意境，与现代服装设计所追求的简约风格、时尚韵味、大气风范及飘逸美感，在艺术理论层面上展现出了高度的契合性。从艺术创作的角度来看，现代服装设计与中国画笔墨意境之间存在着诸多共通之处。蕴含虚实之美的中国画，为服装设计领域带来了丰富的灵感。合格的设计师应当精通对传统造型元素的解构与重组，能够熟练地运用现代设计手法深刻挖掘并阐释传统审美理念。

在当今服装设计领域，我们可以借鉴中国画体现出的人文魅力。比如，齐白石所画虾之精妙、徐悲鸿所画马之生动，中国画的每一条线条、每一滴墨色都饱含深意。中国画中笔墨的巧妙运用能让画面既显得简洁又充满韵味，可展现出非凡的艺术效果。将中国画中的技法巧妙地融入现代服装设计，无疑将为作品增添无尽的高雅，使之超越普通服饰的范畴，成为穿着者身上的一件艺术品。

我国著名服装设计师及国际品牌营销领域的权威专家张志峰先生，担任NE•TIGER品牌艺术总监一职，他因在该领域的卓越贡献而被广泛认定为"中国奢侈品第一人"。张先生秉承"融汇古今，贯通中西"的设计理念，致力于推动中国奢侈品文化的复兴与发展，成功打造出 NE•TIGER 品牌。在 2009 年"国色天香、华服大典"高级定制服装发布会上，在华服的设计中，艳丽的"中国红"、传统牡丹纹样相互映衬，成为整个时装秀中使用最多的元素。牡丹，作为中国国花，被巧妙地融入服装作品。在这些华美的服饰上，工笔牡丹的精致细腻、写意牡丹的生动灵动以及抽象牡丹的深邃内涵，均以生动而绚丽的姿态展现在衣料之上。服装的每一寸细微之处，无不凝聚着华夏文明的丰富内涵。该作品着重于意境之美的营造，其服装设计简约而富有深意，重视体现线条的美感。通过传统与现代设计手法的精妙融合，设计师使得作品的意境与形式相得益彰，从而极大地提升了其艺术感染力。

（3）中国画中"水墨元素"在现代服装设计中的运用

中国古代哲学思想蕴含了独特的人文魅力，象征着来自东方的智慧。而中国水墨画，则是这一思想在艺术领域的杰出体现。中国水墨画温婉而含蓄的美感，是中国哲学的忠实反映。中国水墨画将神韵融入具体的形态，为后世的设计师们提供了宝贵的借鉴。每当谈及东方美学，水墨元素便自然而然地浮现于人们的脑海之中，成为艺术设计中不可或缺的重要手段。中国艺术中的水墨元素，以深邃含蓄的韵味，彰显了中国独特的辩证哲学思维。此类艺术形式，其核心在于追求内在意蕴而非外在形态的极致，无意识地映照出中国文化中对于内外兼修、深刻思想与高尚品德的崇尚。当这一艺术形式中的"形"与"神"被巧妙融合于服装设计，可使服装作品洋溢着浓郁的传统韵味，这是现代服装设计领域源源不断的灵感来源。

中国画中墨与水比例的微妙变化，不仅是展现黑白灰层次之美的关键，更是塑造意境的关键所在。通过浓淡相宜的巧妙布局、简约与丰富的相互映衬，设计师可赋予作品以超凡脱俗、意境深远的艺术境界。水墨元素作为中国传统文化的重要组成部分，不仅在形式上独树一帜，更承载了水墨画中深远的意境。水墨元素将形式与意义、情感与场景精妙融合，可营造出一种和谐统一的艺术境界。将水墨元素巧妙融入现代服装设计，可彰显设计师对中国传统文化的深厚情感与不懈追求，也可淋漓尽致地展现水墨所蕴含的内敛又自如的特质。如此设计，能够赋予服装雅致脱俗的气息，凸显中国传统文化的高雅格调与深邃人文情怀，同时也可表现出设计师的鲜明个性与艺术造诣。

随着国际文化交流的不断深化，中国风正逐步获得国际时尚界的广泛认可。谈及中国艺术，其中的水墨元素已经在众多艺术大师的匠心独运下，在服装领域被运用得炉火纯青。艺术家们致力于探寻东西方艺术表达的共通之处，力求实现两者的完美融合。历经无数次的尝试，目前，中国传统文化的精髓与现代西方的时尚元素已实现了深度的融合，共同孕育出了一系列令人叹为观止的艺术精品。中国水墨元素在服装领域的运用已蔚然成风，成为一种标志性的艺术表现手法。这种手法通过与服装结构及主题的精妙结合，能够成功地传达出深远的意境与设计师的设计理念，不仅能增添服饰的生命力，更可激发设计师的创意与灵感。众多在法国享有盛誉的时装品牌，诸如巴伦夏加、圣罗兰等，均在其设计作品中精妙地融合了中国文化元素。尤为值得一提的是，巴伦夏加品牌于2009/2010年秋冬发布会以中国传统水墨山水画作为设计灵感，精心打造了一系列别具匠心的服饰款式。其设计团队运用了擦色工艺与材料创新技术，将中国传统盘扣与装饰技法应用于服装细节上，不仅顺应了当前复古风格的流行趋势，同时也彰显了现代设计的创新美感。

水墨元素在服装设计中的应用不仅彰显了文化形式的多样性，更从深层方面传递了中国传统文化精神的深厚内涵。设计师承担着继承优秀传统与进行现代创新的双重职责，他们的设计并非对传统进行简单复刻，而是要求在融合中国传统文化精髓的同时，充分利用现代工艺、科技实现设计创新。水墨元素在服装设计领域的应用早已不再局限于在布料上手绘。扎染与蜡染的独特工艺、吊染、电脑印染等现代技术手段，以及激光雕刻、织绣等精细工艺的运用，使服装设计中水墨元素的应用取得了跨越式的进步。这样设计出的服装成品的水墨效果更好，既可继承优秀的民族文化传统，又能完美契合现代审美的潮流趋势。此外，设计师还可利用先进的现代数码技术，对传统水墨画的造型、结构、色彩及肌理进行细致的重组与创意设计，从而更好地将水墨元素融入服装设计，打破传统工艺与材料的限制，创造出时尚的现代纹样。水墨元素在服装设计中的应用十分广泛，设计师们可将服装的多层次穿搭与水墨画的渐变艺术相结合，通过局部工艺设计及吊染等独特技法，将水墨画中的深远意境于服装上成功复刻。这些设计不仅未削弱服装的实用性，反而极大地拓宽了水墨画的应用范畴，使国画艺术在服装领域焕发出新的生命力。这能够有效改变人们对中国传统服装的落后认知，为服装领域注入全新的活力。

（4）中国画中"花卉元素"在现代服装设计中的运用

唐朝时期，花鸟画是当时重要的艺术表现形式，蕴含着丰富的内涵和审美价值。从唐朝《簪花仕女图》中仕女服饰上的团花到如今人们日常生活中的华丽饰花面料，花卉图案始终在中国服装文化中占有举足轻重的地位。随着时代的发展和科技的进步，服装的图案和色彩愈发丰富多彩，尤其是那些象征着和谐、幸福、吉祥的花卉元素，更是以丰富的形态装点着现代人的服装。花卉元素在现代服装中的应用格外强调色彩设计，其成品往往鲜艳夺目，色彩明度和纯度均极高。在应用花卉元素时，设计师一般会将多种原色融合，同时频繁运用对比色和互补色，从而让服装上的花卉元素拥有强烈的视觉冲击力，以彰显中国民族艺术的独特风格。如今，国内外服装领域正积极致力于将中国画中的花卉图案巧妙地融入服装设计。这不仅能成功宣传中国传统艺术，还可极大地提升人们的生活品质与审美情趣。众多国际知名的设计师频繁采用富含中国风情的花卉元素，以此赋予服装更加深远与丰富的意境。

①中国画中"花卉元素"在女装中的运用

自古以来，花卉与女性之间的深厚关联便频繁见于文人雅士的笔端。花卉的绮丽之姿，在深深吸引女性的同时，也仿佛是女性天生丽质的点缀。每年的国际时装界盛典都会出现一批将中国画中的花卉元素融入现代时尚设计的作品。这些国内外设计师不断创造出既蕴含中国传统文化精髓，又不失现代审美风尚的华美服装。这些作品不仅展现了设计师们对中国传统文化的深刻理解，更以其独特的艺术魅力引领着时尚潮流。在女性服装的设计中，设计师们常常将花卉元素与细腻的刺绣工艺、唯美的印染技术以及立体的艺术造型相结合，共同打造深受女性消费者青睐的服装。在追求裙装线条美感与简洁风格的前提下，设计师们会将花卉纹饰在下摆、门襟、袖领口等关键部位加以缝制。依据服装风格的不同，这些纹饰的呈现方式亦有所变化，既可以小巧精致，设计师也能大胆地选用巨幅花卉图案进行夸张表达，从而进一步凸显服装的个性化风格。这些精心设计的时尚女装如同花朵般映衬着女性消费者天然的柔情与魅力。各式花卉图案的使用，使服装在时尚的同时，也可展现出浓郁的艺术美感。它们深刻展现了人们对美好生活的深切向往，同时也是对生命之美无尽追求与崇高赞美。

国外设计大师也钟情于中国画艺术中的花卉题材，将之作为设计元素。如：意大利品牌"米索尼"（MISSONI）、法国设计大师让·保罗·高缇耶同名的奢侈品牌、来自英国的世界知名时尚品牌保罗·史密斯，以及以喜用花卉装饰著称的日本设计大师高田贤三，其作品中的写实花卉图案就像信手摘下的花朵，颜色恬淡透明，自然淳朴、美丽清新，可彰显出女装的高贵典雅。在当今时尚界，中国画中的花卉元素正以其独特的魅力，在女装设计领域绽放异彩。随着生活方式的不断变化和服饰文化的多元化发展，设计师们日益倾向于从中国画中的花卉题材中寻求灵感，并将之精妙地融入各种风格的服装设计。这些花卉元素极大地丰富了女装的视觉表现力，甚至成为设计中的亮点，彰显出无可比拟的艺术价值。

②中国画中"花卉元素"对男装的影响

如今男性服装的着装观念正在经历着一场深刻的变革，男女服装的性别界限逐渐被淡化，男性的衣着风格正步入多元化、大度包容的新境界。曾经被视为女性专属的色彩与图案，诸如鲜艳夺目的红色与生机勃勃的绿色，以及柔美华丽风格的面料、色彩与款式设计，如今在男性服装中也得到了广泛的应用，"刚柔并蓄"的新风尚正在形成。鉴于男装时尚的演进趋势，设计师们也开始将花卉元素融入其设计理念。他们虽未颠覆男装固有的稳重、刚毅的风格偏向，却为现代男装赋予了更多的浪漫韵味。男装领域的设计师们始终致力于寻找新颖的艺术呈现方式，为此，他们成功地将中国传统文化中的花卉元素融入男装设计。当前，花卉纹样已跨越了性别的界限，不再是女性的专属标志，也可同样适用于男装。国内外众多知名设计师纷纷将中国画中的花卉元素巧妙融入男装设计，创造出既展现阳刚之气又不失柔情魅力的设计风格。此类设计不仅能凸显男性的力量与坚毅，还能巧妙融入温柔与雅致的元素，实现时尚与经典的完美融合。

③中国画中"花卉元素"在礼服中的运用

随着科技的迅猛进步与服装制造技术的不断精进，中国画中的"花卉元素"已跃居时尚潮流的前沿。各式工艺丰富了花卉纹样在礼服上的呈现方式，中国画的深邃韵味以浓墨重彩的方式被巧妙地融入现代礼服设计中。我国的花卉元素内涵丰富、色彩鲜艳、风格多样，当这些元素被精妙地融入现代礼服设计中时，它们不仅能够赋予服装全新的艺术韵味，还可实现与礼仪精神的呼应。设计师们通过深刻挖掘传统绘画的精髓，对花卉的色彩与图案进行了创新性的改良。通过采用先进的工艺技术，如镂空、变形及压印等手法，他们精心设计出了各种中西结合的礼服。

作为国内高级定制时装设计师的领军人物，郭培以其卓越的技艺和独特的审美，为众多出席重要庆典的人士打造了华美的礼服。春节联欢晚会要用的礼服，大部分出自她的玫瑰坊工作室之手。该工作室在礼服设计上始终秉持着与时俱进的态度，以中国画中的"花卉元素"为设计灵感，在服装中深刻体现出了中国文化的深厚底蕴。此外，这些设计师还将寓意吉祥的花卉图案充分运用于礼服设计，深受目标客户的喜爱。他们以精湛的工艺和独特的创意，将喜庆祥和的氛围融入每一件作品，让中国的高级礼服在国际舞台上大放异彩。举例来说，玫瑰坊工作室在进行服装设计时会频繁运用到龙凤图案、牡丹花图案等中国风格鲜明的图案，同时还运用水墨晕染的技巧，使用优质面料裁剪出特色礼服。这些礼服不仅能诠释中国风的典雅，更将中国画中花卉的古典美与西方浪漫情调巧妙融合，很好地体现了中西文化的合璧之美。

历史悠久的中华文明为设计师们提供了丰富的灵感源泉，中国画中的"花卉元素"也不例外。设计师可将花卉元素融入现代礼服设计，同时借鉴中国画的写意精髓，重新诠释古风风貌。礼服与中国画相辅相成，可共同营造出深远的意境，进而充分展现东方文化的独特韵味。这种融合了"花卉元素"的中国绘画风格的服装设计，不仅唤醒了国人对传统文化的热爱，更在国际上掀起了对中国文化的欣赏热潮；不仅可以在国内大放异彩，更能够在欧美等地区引发强烈的文化共鸣，弘扬中国传统文化的魅力。

随着时代的演变与社会的进步，全球时尚潮流经历着持续的更迭与演进。在这一背景下，中国的设计师们展现出了非凡的创造力，他们巧妙地萃取中国画中的精髓元素，将之与现代服装设计的理念相融合，创造出了独树一帜的时尚风貌。他们运用匠心独运的技巧，将东方艺术的深邃美感精妙地融入现代服装，以独有的东方视角、表达方式，对现代服装设计进行了深刻的诠释与重塑，为国际时尚界注入了新鲜血液，吸引了全球的广泛关注。他们的作品不仅赢得了国际上的高度评价，更为他们个人职业生涯增添了辉煌的一笔，实现了自我价值的升华。

（五）服装设计中的雕塑艺术美

雕塑艺术的形态是对于空间艺术的表达，也是一种静态视觉艺术。它的形式不局限于纯粹的雕塑艺术风格，还可以被多元化地运用在其他领域。

近年来，国际时装设计师们正积极投身于面料的立体化探索，力求通过此途径打造出更为精致与完美的服装形态。他们不遗余力地挖掘与试验新型面料，追求前所未有的创意表达。与此同时，雕塑艺术也成为他们设计构思中不可或缺的灵感源泉。设计师们可从雕塑艺术中提炼出服装面料的图案元素，从而创作出更为立体且富有艺术感的服装作品。下面将深入地剖析雕塑艺术在服装设计中的转化与应用路径，以帮助设计师们充分激发创造力与想象力，将雕塑艺术融入服装设计的各个环节。

1. 雕塑艺术的美学特征

（1）线条的律动美感

线条是诠释雕塑艺术美学价值的关键。交织错落、曲折蜿蜒的线条，不仅能够精准传达图案与图像的深层含义，更能够生动地展现出事物的立体形态。使雕塑艺术中的线条融入服装设计，便能够为设计师们在服装中打造人体的自然曲线提供借鉴。通过分析线条的节奏、规律以及运动轨迹，设计师可将服装的曲线美与穿着者的身姿动态完美融合，从而在动静之间，展现出服装独特的艺术魅力与审美价值。

（2）布局的节奏美感

不同风格的样式布局能够激发人们多样化的情感体验。具体而言，方正规矩的布局往往能够唤起庄重与肃穆的感受，而圆润流畅的布局则更倾向于传递活泼与完美的气息。雕塑作品的美感，是主题、布局、环境及功能等多重元素共同作用的结果。这些元素可共同塑造出艺术作品的独特魅力。

（3）空间的意象美感

雕塑艺术常常通过打造空间呈现作品的意象之美，雕塑家能将不同场景与空间布局交织融合，共同构筑出整体的艺术风貌。在雕塑的创作与鉴赏过程中，光线占据了举足轻重的地位。光影的流转为雕塑赋予了鲜活的生命力。通过巧妙的明暗对比，设计师可使雕塑的轮廓与形态更加立体饱满。同时，光线的微妙变化还能引发视觉错觉，深化空间感，引领观赏者更加深刻地领略雕塑所蕴含的立体与空间之美。

（4）凹凸的肌理美感

在雕塑艺术领域，肌理占据着至关重要的地位。其独特应用不仅能显著提升作品的视觉冲击力，还可借助抽象手法营造出雕塑作品深远的整体氛围。在雕塑创作中，凹凸肌理是指一种借助阴刻与阳刻的雕刻技法，设计师运用该技法精心雕琢出既具规则性又不失自然之美的凹凸效果。将这一技法巧妙迁移至服装设计领域，同样能够创造出独特的服装风格，从而显著增强服装的立体视觉层次。

2. 雕塑艺术在服装设计中的转化

（1）通过绗缝转化的雕塑感

绗缝是一种独特的工艺，指的是通过在两层面料间夹入柔软的棉絮，再利用精密的机器进行缝制，使棉絮得以固定并形成独特的雕塑图案。这种技术不仅能赋予布料立体的凹凸效果，还可增添其装饰性。通过有规律、层次分明的多条绗缝线，服装上的图案便可呈现出更强的立体感。

（2）通过堆砌转化的雕塑感

堆砌作为一种雕塑手法，其本质在于以单元为基本单位，通过数量与体量的叠加，在面料上打造出鲜明的立体美。在这一创作过程中，不同粗细、材质的面料被巧妙地交织在一起，可给人以层次分明、凹凸有致的视觉效果，还可极大地丰富服装的质感与立体造型。在设计师凌雅丽的作品中，这种堆砌的设计手法得到了极致的展现。例如，她以"云凌美人"为灵感源泉，巧妙地将堆砌手法融入服装设计，使得原本轻柔的绡纱面料焕发出了前所未有的立体与层次之美，为观者带来了强烈的视觉震撼与审美享受。

（3）通过立体剪切转化的雕塑感

将立体剪切应用于服装制作，设计师们可通过立裁法在面料上剪出理想的造型。如此，面料与面料之间相互映衬，可营造出独特的视觉效果。色彩的明暗交替能为服装带来层次感，剪切后的面料还可进行二次创新设计，进而极大地丰富服装的造型和立体感。

（4）通过压花转化的雕塑感

利用压花技术，服装的呈现可取得从平面至立体的进步，并创造出层次分明的立体效果。具体而言，压花技术涉及立体压花与平面压花两大类，每种技术均能使面料焕发出鲜明的雕塑美感与震撼的三维视觉冲击力。

3.雕塑艺术在服装设计中的应用

（1）强调肌理变化

在服装设计的领域中，肌理变化的运用至关重要，它要求设计师全面而深入地考虑色彩、面料及配饰等要素之间的协调与融合。为实现这一目标，设计师需以严谨的态度和精湛的技巧，精心调配这些元素，确保它们在视觉上达到和谐统一的效果，从而为观众带来深刻而强烈的感官享受。在面料局部肌理的再造过程中，设计师必须保持高度的精准和敏锐，以确保每一个细节都能精准地体现出设计的独特风格与特点。只有这样，他们才能成功地打造出具有鲜明个性的服装，并充分展现其非凡的审美价值。

（2）突出造型结构

在服装设计领域，造型的精髓主要在于对轮廓和构造加以精准掌控。只有通过立体裁剪的方式，服装的雕塑感与明晰的结构特征才能得以实现。设计师需要具备对雕塑图案的部分进行提炼并将之巧妙融入服装局部设计的能力，以此赋予服装亮点，产生更好的视觉效果。

（3）凸显装饰性

在艺术创作领域内，无论是雕塑作品还是服装作品，其装饰性均占据着至关重要的地位。设计师们应通过精心融合款式、图案、工艺等多种元素，追求整体上的协调美感。同时，他们还特别强调装饰的使用，使服装在整体上更加引人注目。

（4）增强趣味性

要多方面地去增强趣味性的设计，无论是在雕塑艺术中还是在服装设计中。趣味性的表达往往能够吸引人的眼球。服装的趣味性能够体现设计者的设计思维、设计风格以及设计手法等方面的重要特质。在服装设计中，色彩、面料、图案、造型等各方面都可以增强服装趣味性，使得整体服饰具有更好的视觉效果。

根据雕塑艺术的特征分析，设计师可以运用不同种类面料，通过绗缝、压花等工艺，实现立体雕塑感和空间感。我们可以选取白色的针织夹棉、空气层提花面料，然后通过设计好的人像雕塑对服装进行设计。想要达到人像图案的具象效果，设计师需要表达出服装造型的线条韵律美感和凹凸肌理美感。他们通过绗缝工艺创造出凹凸肌理感和线条的韵律美感，然后再对人像图案进行印花搭配。

雕塑艺术的构成元素无不深刻映射着西方文化的精髓与理念，这与中国传统艺术风格迥异。此种艺术形式蕴含着深厚的文化底蕴与历史背景，它以其多样性与多元化的表达手法，巧妙地为现代服装设计提供了纷繁多样的视觉语言。雕塑与服装设计的跨界融合，通过精妙的剪裁与创新的重组手法，为服装领域注入了新鲜血液。这是设计师对服装设计的大胆尝试与挑战，也肩负着广泛传播雕塑艺术的使命。

第二节　服装设计中的科技美

在现代服装设计领域，科技美学已经成为一个不可忽视的重要元素。设计师们通过运用各种高科技手段和材料，将科技与时尚完美结合，可创造出既美观又实用的服装。这种科技美的出现，不仅提升了服装的视觉效果，还赋予了服装更多的功能。例如，一些设计师利用3D打印技术，将复杂的图案和结构直接打印在布料上，使服装的外观更加独特和前卫。此外，智能纺织品的应用也越来越广泛，这些纺织品可以通过温度、湿度等环境变化改变颜色或形状，为穿着者提供更好的舒适度和防护性。智能服装也是科技美的一种体现。这类服装内置传感器和芯片，可以监测穿着者的健康状况，甚至通过蓝牙与手机连接，实时传输数据。这种设计不仅满足了人们对时尚的追求，还为人们的日常生活带来了极大的便利。总的来说，科技美在服装设计中的应用，不仅丰富了服装的表现形式，还拓展了服装的功能性，使服装不仅作为遮体的工具，更是展示个性和科技魅力的载体。

一、服装设计中的科技美体现

从现代艺术设计的视角来看，设计是科技与创意的紧密融合。在设计艺术的广阔天地中，科技之美得以淋漓尽致地展现。这一过程不仅实现了新材料与新技术向具体产品的转化，更使产品能够深度融入人们的日常生活，使人们获得超越物质层面的真正价值。在当下这个以审美为导向的时代，服装设计实现了与先进科技元素的融合。设计者们利用尖端服装加工设备和新型材料，通过独特的思维方式和工艺手段，创作出了令人惊艳的服装作品。这些作品不仅体现了设计者的艺术造诣，更展现了现代服装设计的科技美感。因此，现代服装设计已然成为一种高精尖的科技艺术活动，其创作过程是科技与时尚的完美融合。时尚设计不仅具有视觉冲击力，更蕴含着深层次的科技魅力。

在当代的服装设计领域中，科技与时尚的交融已经成为各大设计公司和品牌的新追求。其主要体现在：新材料的新视觉、新功能性、新技术等方面给人带来的视觉或心理、身体上的美感与享受等。

举例来说，高级男装设计以简洁为核心，却又不失深度与内涵。每一款作品均承载着设计师们的精湛技艺与独到匠心，这些技艺的展现离不开尖端设备与工艺的支撑。男装在保证良好外观的同时，更能为穿着者带来舒适的感受。即便某些款式在视觉上显得较为朴素，其内在的科技美却使之深受市场青睐，成为热销产品。科技美的融入为服装领域带来了显著的经济效益，它助力企业在激烈的市场竞争中脱颖而出，展现出独特的品牌魅力和市场价值。

二、科学技术对服装设计的影响

科学进步对服装时尚的影响是显著的，现代社会发达的科技水平，让服装最基本的面料由低效率的织布机生产变成手摇横机生产，而后转变为全自动电脑横机生产，这在提升了服装生产效率的同时降低了生产成本，使得普通人开始考虑服装的新颖度、个性化和多功能性。这促进了服装设计的创新和进步。同时，科技的创新也为社会带来了新的生活方式、新的审美观念，也对服装时尚产生了深远的影响。

在信息化时代，服装设计师不再需要在纸上打版绘图，而是可以直接利用计算机软件就能完成从平面打版到立体效果图的所有步骤。科技发展使服装设计师在进行设计时有了更多选择，很多以往受限于科技水平而不能实现的构想在如今也能一一变为现实。

（一）科学技术对服装设计的直接影响

科学技术对服装设计的直接影响主要体现在生产设备、染织整理技术、服装材料三方面。生产设备的发展为服装设计不断演变、发展变迁提供了可能。服装产业从工业革命的纺纱机、织机，到18世纪中期机械化缝纫机，再到21世纪后以自动化为主的纺织织机、缝纫机，服装时尚也随之走过了由手工定制、缓慢、单一样式到快速反应、瞬息变化、多样化产品的一个过程。现代专业机器、缝纫机、高速针织机拥有在一分钟内操作5000到6000针的高速操作动力；绣花机能够被设计成通过旋转刻度盘来变换不同刺绣的模式，并且能够在同一时间在多块面料上刺绣一种花样；缝边机能够通过超声波进行"焊接"，也可利用黏合机器对两块厚度的面料进行黏结；一些机器甚至可以黏结纤维，使新型的无纺织物比合成的一般无纺织物更加柔软和精巧。生产设备的发展为服装加工制造提供了重要的物质基础，且从另一方面推动了服装多元化风格的形成。

作为一种艺术染织后处理技术，染织整理技术涉及对人造纤维及混纺纤维的深入研发与广泛应用。从 20 世纪后期至 21 世纪初，此技术全力推动了服装品质的飞跃、外观的革新及功能的拓展，为时尚界带来了前所未有的深远影响。举例来说，Sanfor-Set 液氨技术在全棉织物上的应用，实现了天然纤维的自行熨烫效果，省去了烦琐的熨烫工序。同时，源自木浆的天然人造纤维"天丝"，不仅环保，其质地也丝滑如绸，手感柔软近似皮革。再如，采用织金、磨砂等后整理手法，原本普通的织物能够更加具有艺术感。这些技术在视觉层面显著提升了服装的吸引力，并使得流行时尚更加贴近消费者的日常生活。这种技术处理后的亮白色织物能够抵抗阳光、雨水，经受洗涤等磨损而不失色泽，凭借其耐久性迅速赢得了市场的青睐。同时，经过特殊处理的褶裥，其折痕在多次水洗或干洗后可依然保持清晰，这使其市场竞争力获得了极大增强。染织整理技术的不断创新，极大地拓宽了服装设计的边界，为时尚界注入了新的活力与无限可能。

服装材料的进步无疑将服装的穿着风格推向了更为多元化的维度，同时也在触觉方面为消费者带来了丰富的体验。服装材料的质感、弹性及垂坠性是服装外观与舒适度的重要决定因素。因此，为打造具有高质感、高弹性的服装，设计师必须在设计流程中充分借助现代科技，实现服装各项性能指标的全面提升。例如，科技弹性材料如酷美丝纤维等正被广泛地应用于服装设计领域。这些人造纤维显著提升了衣物的弹性，实现了 4 至 7 倍的弹性增强，极大地提高了服装的功能性与适应性。同时，它还赋予了服装防霉、耐水解以及防虫蛀等特性，有效延长了服装的使用寿命并提升了穿着者的安全感。农业科技领域的显著进步，如种子质量的显著提升以及植物疾病控制技术的不断优化等，间接地促进了服装时尚行业的蓬勃发展。这是由于科技改良了诸如棉花、羊毛、皮草等关键服装原料的品质，为服装设计提供了保障。现代化的机械设备为农民带来了便利。它们不仅能协助种植和照料庄稼，更可在收获季节里大幅减轻人工劳动的负担，从而显著提升人们的工作效率。同时，科学饲养法令羊毛的品质与数量同步增长，这些优质毛皮材料直接推动了服装领域的发展。

（二）科学技术对服装设计的间接影响

服装潮流的演进与现代文化的主流息息相关，科技作为推动社会文化不断演进的驱动力之一，对服装风格的塑造和变革产生了多方面且深远的间接影响。

随着社会进步和人们生活品质的飞跃，人们的思维观念正发生着深远的变革，这无疑在塑造着他们的时尚品位选择。科技飞速发展，孕育了新型的物质文化，这不仅冲击了人们的审美标准，更改变了他们的道德观念。在物质生活日益丰富的今天，人们的审美情趣愈发多元，因而对时尚也有了不同的选择。随着消费者对服装时尚与个性化需求的日益增长，现代科技在服装设计领域的运用显得愈发重要。为满足消费者对服装的新期待，设计师们需对服装的材质与造型展开深入探索。在此过程中，科技材料的应用已成为引领时尚潮流的关键要素，它为设计师提供了打造前卫服装产品的有力支持，能够成功吸引广大消费者的关注，助力品牌在激烈的市场环境中脱颖而出。

另外，时尚潮流的传播方式能够使服装流行趋势的变化速度受到影响。在20世纪初，信息传播的速率相对迟缓，要了解其他地区人们的穿着潮流，人们需要经历漫长的等待。随着科技的飞跃，电子时代的浪潮汹涌而至，电脑与手机已成为时尚信息传播的重要媒介。设计师们为明星们设计的服装造型能迅速呈现在观众眼前。科技进步不仅为精英阶层提供了收集时尚信息的便利，更在引领大众时尚潮流的道路上起到了关键作用。

三、现代科技在服装设计中的应用

（一）现代科技材料在服装设计中的应用

新型材料与先进制造工艺正逐步成为服装行业发展的强大驱动力。这些材料不仅完美继承了传统材料的卓越性能，还拥有科技美、丰富的种类、显著的环保价值等独特优势，与现代人追求多元化、个性化的穿着需求不谋而合。设计师们需要在思维上勇于突破，巧妙地将这些新型材料与服装设计相融合，以触动人们的情感共鸣，充分满足消费者对时尚与个性的双重追求。设计者们依据当前先进的织物制造技术，可致力于研发出具有独特风格的服装材料。他们可将现代艺术中前卫且抽象的理念融入设计构思，以充分发挥各类材料的艺术价值与潜力。通过运用新型材料，设计师可为服装增添个性化的特质，还可有效展现科技与艺术融合带来的卓越成果。

1. 发光材料在服装设计中的应用

在进行时尚表演时，模特们身着熠熠生辉的发光服饰，可为观众呈现梦幻般的舞台效果。这些炫酷的服饰背后，是可发光材料的巧妙运用。我国自主研发的发光材料包括紫外光致发光材料、电致发光材料和蓄能发光材料三大类。紫外光致发光材料借助微型二极管将电能转化成光能，能够使服装自体发光。一种名为稀土夜光纤维的现代科技材料正被广泛运用于服装设计中。这种材料利用稀土元素的独特性质，能够将电能转化为光能。服装设计师不仅需要确保服饰能够发光，更要重视造型与线条的和谐统一。他们应当充分运用光线，打造出极具美感和艺术性的服饰形象。在服装设计中，发光材料的运用不仅能增添服饰的魅力，更能推动服装设计向智能化方向迈进。因此，设计师应积极拥抱现代科技的力量，不断提升服装的实用性和美观度。

2. 形状记忆纤维在服装设计中的应用

服装设计师如果想要设计具有变形功能的服装，可利用一种名为"形态记忆纤维网"的前沿技术材料。此材料属于绿色环保材料，具备出色的形态记忆性能。它能让服装的形态随着温度与压力的变化而变化，一旦外力消散或温度回归常态，服装即能自动恢复至原始形态，设计师们可充分利用该纤维的"记忆"特性，将服装更好地用于舞台表演。

3. 变色纤维在服装设计中的应用

变色纤维作为现代科技服装材料，可有效改善整体服装的造型设计。在进行服装设计的过程中，使用变色纤维可以使服装产品呈现不同的颜色。有些服装品牌将变温材料用于牛仔裤的口袋部分，使牛仔裤可以对人体的体温变化进行感知，周围的人可以根据牛仔裤的颜色来判断服装主人的心情。还有些服装品牌使用温度液晶材料以及变色纤维制作变色服，这类服装也可根据人体体温的不同来呈现不同的颜色，从而为消费者带来神奇的视觉享受，使他们感受到服装的乐趣。

4. 航空材料在服装设计中的应用

国产品牌波司登采用航空材料设计了登峰 2.0 羽绒服。登峰 2.0 羽绒服最大的亮点在于其首次在服装上运用了航空材料，研制出了波司登 3S 面料。

这款面料是波司登团队携手中国航空工业中心共同开发的高科技面料，在航空材料的作用下，波司登 3S 面料在有着高强度、不易磨损、抗风防水特质，同时兼具了高舒适度和轻薄的优点。不仅如此，波司登 3S 面料作为一款羽绒服面料，它的保暖功能相较于上一代登峰 1.0 所用面料提高了 15%，这是由于波司登 3S 面料采用了和航天探测器同类控温材料，它能根据环境温度的变化而调节温度，其原理是在温度高时自动储存热量，在温度低时持续放热来维持恒温。登峰 2.0 为更好实现保温效果，它的充绒技术采用了立体多层次技术，结构从以往的 3 层升级到 5 层，并为了保证鹅绒在整件衣服中均匀分布，它还布置了一层纵向的结构。并且对于一般服装最容易忽视的里布，它亦使用了热反射面料，使羽绒服可通过吸取人体产生的热能并反射来达到更进一步的保暖效果。

5. "随思而变"的概念服装材料在服装设计中的应用

来自荷兰的高科技服装设计师 Anouk Wipprecht 在一次科技艺术大会上展出了她设计制作的概念服装 "Pangolin"。这件概念服装能用上千个微型传感器接收穿戴者脑电图信号，再通过传感器把信号继续传输到相应的制动器上，这样就能控制服装上的小装置自由移动、发光，因每个穿戴者所发出的信号不同，这件概念服装呈现出的状态也各不同。

在设计 "Pangolin" 之前，Anouk Wipprecht 就已与英特尔共同打造过一款名为蜘蛛服的智能服装，这款蜘蛛服的原理同 "Pangolin" 类似，也是通过收集人脑的信息呈现出不同反应。我们可以看出，Anouk Wipprecht 的概念服装设计并不是为了制造迎合市场需求的商品，她是在利用科技与勇于创新的精神去探索未来服装的形式。

6. "气悬应候科技"材料在服装设计中的运用

国内运动品牌 361° 凭借"气悬应候科技"开发出了气悬应候服"恒"。据介绍，气悬应候服"恒"的设计灵感来自科幻小说《三体》中"三体人"在灾难时脱水，到恒纪元时泡水复活的能力。其功能结构也十分具有科幻感，由于空气有着导热系数低的特点，气悬应候服"恒"将空气作为隔热层代替传统羽绒服中的填充物，实现了在不同的气候环境下快速改变服装厚薄度以满足人体的保暖需求的目标，可维持人体体温。空气作为隔热层的优点不仅体现在保暖方面，在降低成本、降低传统填充物的用量及保护环境方面也有不俗的表现。气悬应候服"恒"的优点获得了消费者的广泛好评。

消费者对于服装设计的要求越来越高，因此，服装设计的现代转型，其核心在于设计师应以消费者需求为引领，深刻洞察每一位用户的心理期待。他们需灵活运用尖端科技，促进服装设计的多元化、创新化发展。其设计作品需兼具美学价值与实用性能，他们更需在生态与经济和谐共生的前提下，在服装设计领域巧妙融合艺术文化与现代科技。这样的设计理念，不仅能精准对接市场需求，更能引领社会向更加绿色、可持续的未来迈进。

7. 光滑性能材料在服装设计中的应用

如今，人们对穿着的舒适性要求得到了大幅度的升级，而借助于自清洁的纳米技术，可打造出更加耐脏速干且抗菌除臭等功能丰富的表面光滑的织物，逐渐成为功能性面料未来的发展趋势。这种光滑性能的面料可以使用回收涤纶、尼龙材质、RWS 认证羊毛、莱塞尔面料，采取黏合以及双面棉料等不同的途径，可使之具有更加良好优越的性能，特别是在防风雨方面展现独特的优势。在其中融入生物基涂料以及弹性纤维，同样能展现生态环保的特点。这种光滑性能的面料借助其本身所具有的循环、保暖、凉爽以及可回收性等特性，在整个行业中占据了优势地位，可被用于衬衫设计、内衣设计以及外套设计等不同的方面。该面料的使用让服装设计追求自然功能、环保工艺的原则及发展的方向得到了进一步呈现，实现了自然在运动装设计领域的完美融合，并对自然界中的很多美和功能进行了开发及挖掘。

8. 生物基纤维材料在服装设计中的应用

生物纤维织物是一种天然植物纤维原料，集成了聚酯纤维与尼龙纤维的卓越性能。该织物不仅能展现出卓越的易维护性，还以其柔软细腻、顺滑流畅的触感、鲜艳且稳定的色彩著称，被广泛应用于各类前卫且富有创意的服装设计中。生物基纤维面料，以环保理念为核心，成功地将绿色科技元素引入化学纤维领域。作为源于自然界的化纤产品，它在服装产业中占据着重要地位，被广泛应用于泳装、运动服饰及内衣的设计与生产，更可通过生物纤维组合技术，开发出具有双层结构的织物，从而彰显出其环保与可持续的特性。该面料的纹理叠加结构使其在实用的同时可保持时尚，生物基纤维面料的应用不仅与当前社会对可持续发展的追求相契合，更可体现科技与环保理念的深度融合。

9. 韧性丹宁材料在服装设计中的应用

这类织物在日常牛仔服饰中的应用极为广泛，尽管它最初起源于小众的工装和骑行装领域，如今已逐渐演变出全新的风貌。目前，韧性丹宁材料已经成功渗透进滑板、骑行以及通勤牛仔服装市场，深受消费者的喜爱与推崇。这种材料不仅能极大地提升服装的整体柔韧性，还巧妙地加入了超分子聚乙烯，赋予了面料卓越的吸水性能和透气性能。在当前消费环境中，消费者在选择服装时，日益关注设计的独特性与面料的品质感。他们倾向于选购蕴含古典韵味且质量上乘的款式。与20世纪末风靡一时的简约风格相比，如今注重细节与工艺的牛仔丹宁类产品已赢得了消费者的青睐。在牛仔服饰的创意设计过程中，众多企业积极融入传统手工技艺，并巧妙采用了独特的异色拼接设计。这种将传统工艺与现代创新相结合的策略，不仅提升了服装的吸引力，也深刻契合了消费者对高品质生活方式的追求。

10.智能服装材料在服装设计中的应用

随着人们对生活品质要求的提高和科技水平的不断发展，传统的纯棉、毛线等常规材料已经无法满足人们对于时尚与舒适并存的需求。智能材料作为新兴领域之一，在近年来受到了广泛关注。智能服装材料具有多种功能，如温度调节、湿度感知和运动监测等。这些功能为设计师提供了更多创作的可能性，并且使服装更加舒适和实用。

（1）智能服装材料的特点

智能服装材料是指利用先进的科技和材料制造而成的具有智能化功能的服装材料。它们可以感知环境，与人体互动，并能根据需求进行相应的调节和反馈。智能服装材料在时尚界引起了广泛关注，因为它们不仅能提供更高级别的舒适性和便利性，还可赋予穿着者更多个性化选择。

①智能服装材料具有感知环境的特点

通过嵌入传感器和微处理器等设备，智能服装可以实时监测周围环境的温度、湿度、光照等参数，并根据这些数据作出相应调整。例如，在寒冷天气中，智能外套可以自动加热，以保持身体温暖；在闷热夏季，衬衫上的传感器可以检测到汗水并及时散发出来，从而为着装者提供更好的通风效果。

②智能服装材料具有与人体互动的特点

通过集成生物医学传感器和可穿戴设备等技术，智能服装可以对人体健康状态进行监测和分析。比如，在运动过程中，智能运动服可以实时监测心率、呼吸频率等指标，并可根据数据提供相应的建议和警示。这种互动性不仅使穿着者更加关注自身健康，还为医疗保健行业提供了新的发展机遇。

③智能服装材料具有个性化定制的特点

传统服装通常是按照标准尺码生产，难以满足每个人的个体差异和需求。智能服装材料可以根据穿着者的身体数据和喜好进行定制制作。通过3D扫描技术和可编程纤维等创新技术，智能衣物可以精确贴合着装者身体曲线，并根据用户设定调整大小、颜色甚至图案。

④智能服装材料具有环境友好的特点

在当今社会对可持续发展越来越重视的背景下，传统纺织工艺所使用的染料和化学品对环境造成了严重污染。智能服装材料采用了更加环保和可再生的材料制造技术，在降低环境影响方面具有显著优势。例如，利用可降解纤维和生物基材料制造的智能服装可以在使用寿命结束后自然分解，能减轻对环境的负担。

（2）智能服装材料在服装设计中的应用价值

伴随科技的进步，人们对于服装的需求也在不断提升，传统的纺织品已经无法满足现代人们对于舒适性、功能性和时尚性的追求。智能服装材料则可以通过融合科技元素，为人们带来全新的穿着体验。

首先，智能服装材料可以提供更高水平的舒适性。传统纺织品往往只能提供基本的保暖或透气功能，而智能材料则可以根据环境温度自动调节衣物内部温度，并且具备排汗、抗菌等特殊功能。例如，在炎热天气下穿戴一件采用智能陶瓷纤维制成的T恤，它可以吸收着装者体表多余湿气并快速散发出去，让其身体始终保持干爽、舒适。

其次，智能服装材料还可以赋予衣物更多实用功能。比如，在户外运动领域中，常见到一种名为"可穿戴电子"的技术应用。这种技术可以将传感器、芯片等电子元件嵌入服装中，为其增添心率监测、步数统计等功能。这样一来，人们在运动时无须再佩戴额外的设备，只需穿上智能衣物就能轻松获取相关数据。此外，智能服装材料还可以提升服装的时尚性和个性化。随着人们审美观念的不断变化，人们对于服装设计的要求也越来越高。而智能材料则为设计师提供了更多创作空间。例如，在舞台表演或音乐会上，艺术家可以穿戴具有发光效果的智能衣物，通过灯光控制展现出独特的视觉效果；又如，在时尚秀场上，设计师可以利用可编程纤维制作出变幻多样的图案和颜色。

最后，引入智能服装材料还有助于推动可持续发展。传统纺织品在生产过程中常常使用大量化学药剂和水资源，并且废弃物处理也存在问题。采用智能材料则可以减少服装对环境资源的消耗，并且部分智能材料本身具备可降解性质，从而能减少对环境的污染。

（3）智能服装材料在服装设计中的应用原则

智能服装材料的引入可为服装设计带来全新的可能性。在这个快速发展的时代，人们对于服装不仅追求美观和舒适，还期望它具备更多功能和智能化特点。因此，在引入智能服装材料时，设计师需要遵循一些设计原则。

①智能服装材料的引入应该符合人体工程学原理

人体工程学是研究人与物体之间关系的科学，它会考虑到人体结构、运动方式、舒适度等因素。在选择智能材料时，设计师要确保其贴合身体曲线，并且具有良好的弹性和透气性。同时，设计师在设计过程中要注意减少重量和厚度，以提高穿着者的舒适感。

②智能服装材料应该具备可持续性和环保性

随着社会对环境问题日益关注，可持续发展已成为一个重要议题。在选择智能材料时，设计师要优先考虑那些使用可再生资源或回收利用材料制造而成的产品。此外，设计师在生产过程中也要尽量减少废弃物和污染物排放。

③智能服装材料的引入应该注重安全性和可靠性

智能材料通常会涉及电子元件和传感器等技术，因此设计师在设计过程中要确保这些元件的安全性。例如，在选择导电纤维时，设计师要考虑其耐磨损、防水防火等特点，以提高产品的安全性。

④智能服装材料的引入应该兼顾美观与功能。作为一种艺术形式，服装设计需要具备美感和创意。在引入智能材料时，设计师要注意它们与其他面料的搭配效果，并且考虑如何将功能融入设计中而不影响整体美观度。例如，在运动服装中加入心率监测传感器时，设计师可以选择隐藏式设计或将之与衣物图案相融合。

⑤智能服装材料的引入还需要关注用户体验

无论什么功能，都应该服务于人们的需求，并且方便易用。设计师在设计过程中要考虑到用户群体的特点和习惯，并根据人们对于功能需求进行合理布局和操作方式设置。

（二）现代科学技术在服装设计中的应用

1. 4D 打印技术在服装设计中的应用

2015 年出现了一款高科技面料——3D 打印面料。Karl Lagerfeld 在 Chanel2015 秋冬的秀场上以 3D 打印面料制作的经典 Chanel 套装，自然地将高科技面料融入设计当中。然而用 3D 打印技术制作的服装存在难以塑形、穿着舒适性差等缺点，于是 Nervous System 工作室创造出了世界上第一款利用 4D 打印技术制作的连衣裙。所谓 4D 打印就是在 3D 打印技术的基础上进行改良，使其制作出的连衣裙完全消除了 3D 打印服装的缺点，具有良好的可塑性和舒适性。4D 打印连衣裙最大的特点就是能够自行适应穿着者的体型以及所处环境，哪怕在跑步甚至骑行的过程中，其都能保持贴合人体的状态。Nervous System 工作室设计的 4D 打印连衣裙可以说是现代科技与服装设计完美结合的范例。

2. 数字直接喷墨打印技术在服装设计中的应用

数字直接喷墨打印技术已成为当前服装界备受瞩目的焦点。这种技术在服装设计领域中独树一帜，赋予了设计师在各类布料上自由使用色彩、精细绘制复杂图案的能力。它不仅引领了时尚界的潮流，更为设计师们带来了前所未有的创新灵感与无限可能。

数字直接喷墨打印技术为纺织品图案设计带来了前所未有的创新空间。相较于传统印刷的色彩和图案限制，此技术以其优秀的打印精度，让设计师在面料上绘制出更为细腻、错综复杂的图案，并实现了色彩的流畅过渡。这种技术极大增强了设计的多样性和丰富性，让每一件纺织品都成为独一无二的艺术品。该技术为设计师提供了丰富的创作空间，使他们能够将独具匠心且充满艺术气息的设计理念转化为现实，进而为时尚设计领域注入了源源不断的活力。数字直接喷墨打印技术的巧妙应用，在时尚产业中开辟了一个全新的生产纪元。相较于传统的面料印刷工艺，该技术以定制化生产为核心，显著降低了资源消耗与库存积压，有效缓解了环境压力。设计师与品牌因此能够更敏捷地响应市场趋势与消费者需求，灵活调整生产规划，从而积极促进可持续时尚理念的实践与发展。这一变革不仅能提升时尚产业的运营效率，更能引领整个时尚界向更加绿色、创新的未来方向迈进。

数字直接喷墨打印技术正引领服装设计领域经历一场深远且意义重大的变革。该技术的广泛普及为设计师群体提供了广阔的创作平台，显著推动了纺织图案设计的多元化进程，并实现了产品品质的重大飞跃。此举不仅为时尚界注入了新的动力与活力，还为产业的长远可持续发展奠定了坚实基础。随着技术的不断演进与升级，服装产业正稳步迈向数字化、智能化与绿色化的新纪元。

3. 虚拟现实技术在服装设计中的应用

（1）虚拟现实技术的概念和分类

虚拟现实技术，这一前沿的计算机技术，凭借其精准模拟人类感官体验的卓越能力，能够引领用户踏入栩栩如生的三维虚拟世界。该技术能够缔造出极度逼真的虚拟场景与对象，并赋予用户前所未有的探索与交互自由。在服装设计领域，VR技术为设计师们提供了一个虚拟设计舞台，设计师可以尽情地进行构思、设计与展示，让服装的独特魅力在虚拟世界中尽情展现。

虚拟现实技术凭借其高度模拟人类感官的能力，可使用户仿佛能够亲身感受虚拟世界中的事物。设计师们得以自由挥洒创意，而用户则能够尽情沉浸于各类新颖设计所带来的独特体验之中。尤为值得一提的是，虚拟现实技术还具备实时更新的能力，能够动态地调整虚拟场景，从而为用户提供无与伦比的流畅交互体验。展望未来，这一充满无限可能性的科技领域有望深刻改变人们的生活方式与工作模式，引领我们共同步入一个全新的数字化时代。

虚拟现实技术可以根据使用设备的不同被划分为以下几类：桌面式虚拟现

实、沉浸式虚拟现实、增强式虚拟现实和分布式虚拟现实。桌面式虚拟现实使用计算机显示器或其他设备来呈现虚拟场景，用户可以通过鼠标、键盘等设备与虚拟场景进行交互。沉浸式虚拟现实可使用头戴式显示器，使用户完全沉浸在虚拟场景中，并能为其提供更加真实的沉浸感。增强式虚拟现实可通过将虚拟场景与现实场景相结合，增强用户的感知和体验。分布式虚拟现实可将多个用户连接到同一个虚拟场景中，使他们能够进行协同工作和交互。这些不同类型的虚拟现实技术各有特点，设计师可以根据具体应用需求选择合适的类型。

（2）虚拟现实技术在服装设计中的应用过程

①设计构思

A. 快速原型设计

快速原型设计可实现设计师创意向实际产品的迅速转化，实现灵感的具象化。借助初步原型的构建与测试流程，设计师能够提前洞察并有效应对潜在问题，从而显著降低后续制作过程中可能遭遇的风险与成本。此外，快速原型设计还可促进设计师对材料特性与工艺需求的深入理解，进而推动设计方案的持续优化，使之达到更为完美的境界。

B. 色彩与材质选择

在服装设计中，色彩与材质扮演着至关重要的角色。不同的色彩与材质能够赋予服饰独特的情感色彩风格。例如，热烈的红色、橙色与黄色，能够激发人们积极向上的情绪；而宁静的蓝色、绿色与紫色，则可予人沉稳内敛的感受。棉质服装为人们带来了休闲与自在的体验，是人们日常穿搭的绝佳选择；而丝绸以其华贵与高雅的特征，能够在正式场合充分发挥魅力；皮革材质则以其不羁与野性的气息，引领着时尚与前卫的潮流。此外，色彩与材质的选配对服装的舒适度和耐久性有着深远影响。在夏天，人们宜选轻薄透气的棉麻材质；而在寒冬，人们则需使用羽绒与羊毛等保暖厚实的材质。

设计师必须全面洞察目标市场的需求和消费者的偏好，精心挑选最符合人心的色彩与材质搭配，以创造出既契合市场需求又迎合消费者口味的服装。

C. 3D 模型构建

3D 模型构建是现代时装设计中的重要环节。通过 3D 建模软件，设计师可以在计算机中创建出虚拟的 3D 模型，以便更好地观察和评估设计的外观和效果。此外，3D 模型还可以被用于模拟面料的悬垂效果、动态展示等，能为设计师提供更加全面的设计工具。

②虚拟试衣过程

A. 虚拟试衣体验

虚拟试衣技术允许顾客在购物前，通过虚拟模型预先审视并评估服饰的穿着效果，使其仿佛置身于真实的试衣环境中。对于设计师而言，此技术是洞察消费者即时反应与反馈的重要窗口，可使他们能够迅速响应市场需求，调整设计策略。虚拟试衣技术不仅极大地提升了消费者的购物满意度与体验，更构建起设计师与消费者之间的直接沟通桥梁，深刻影响了时尚界的传统运作模式。

B. 身体形态与服装适配

身体形态与服装的适配至关重要。设计师需具备敏锐的洞察力，以精准把握不同体型的特征与个性化需求，进而量身打造出一系列能够完美适应各种身材的服饰。为了进一步提升设计的精准度与服装的穿着体验，设计师们可积极引入并应用虚拟试衣技术，从而更加直观地评估设计的合理性与适应性。

C. 实时反馈与调整

虚拟试衣技术不仅具备实时反馈功能，还能根据消费者的即时需求进行模型调整。设计师可利用这一技术，及时对虚拟形象进行精准的微调，使其更贴合消费者的审美与需求。此过程不仅有助于设计师完善设计，更可提升产品的市场竞争力，实现双赢。

③服装展示

A. 虚拟时装秀

虚拟时装秀是科技与创意的精妙融合，其依托于先进计算机技术，巧妙地将传统时装展示方式迁移至网络虚拟空间。虚拟时装秀有益于服装设计理念的传达，更可通过增强与消费者的互动，有效提升产品的市场认知度与销售业绩，它为时尚界开辟了一种全新的展示模式。

B. 多角度展示与观察

虚拟时装秀使得服装得以实现全方位的展示。消费者能够自由切换视角，深入欣赏服装的外观设计、精湛的工艺细节及搭配效果，从而更加精准地评估其品质与自身需求的契合程度。此种沉浸式展示模式不仅有效增强了消费者的购买信心，还极大地提升了其购物体验的满意度。

C. 与消费者的互动与沟通

虚拟时装秀不仅是一个展示平台，更是设计师与消费者互动沟通的桥梁。设计师们能通过线上互动、问卷调查等多元化方式，与消费者进行深度交流，了解他们的需求与意见。同时，消费者也能通过评论、点赞系统等途径，积极表达自己的观点，为设计师提供宝贵的改进建议。这种互动模式不仅能增强消费者与品牌的联系，更可提升消费者的忠诚度。

（3）虚拟现实技术在服装设计中的优势

①提高设计效率和精确度

快速原型设计和3D模型构建等技术已经成为现代设计领域的重要工具。这些尖端工具赋予了设计师在设计初期即能实施产品仿真与预检的强大能力，从而实现了对潜在问题的快速识别与有效解决。此举不仅极大降低了后续制作过程中的潜在风险与成本，更促使设计师对材料特性及工艺要求的认知达到了前所未有的高度。得益于这些技术的应用，产品设计过程得以精细优化，产品本身的品质与市场竞争力均实现了显著提升。

②降低样品制作成本和时间

设计师们通过采用快速原型设计等先进技术，能够在不制作实体样品的前提下，开展全面的测试与评估流程。此举显著降低了样品制作的成本与耗时，进而大幅缩短了产品从设计到上市的周期。此外，随着虚拟试衣等技术的涌现，设计师们拥有了在虚拟环境中直观检验服装效果的能力。这些技术的深入应用，不仅实现了设计效率与精确度的显著提升，还对产品设计的优化产生了积极的推动作用，进一步增强了产品的品质。

③增强消费者参与感和体验感

虚拟时装秀和虚拟试衣等技术正引领着消费体验的变革。这些技术不仅让消费者得以沉浸于购物环境，还强化了消费者与品牌之间的情感纽带。借助虚拟试衣技术，顾客能够全方位地审视服装的材质质感、剪裁版型及色彩搭配等细节，此举极大地提升了购物决策的自信心与满意度。此外，这种互动性极强的交流方式，也有益于品牌良好形象的塑造。

4. 人工智能与大数据在服装设计中的应用

人工智能与大数据在时尚设计领域的应用已经成为一种重要趋势，它为设计师提供了利用 AI 分析时尚趋势、顾客偏好和市场数据的强大工具，从而有助于设计师创造出更贴近市场需求的设计。与此同时，AI 还能在设计过程中提供建议，可减轻设计师的负担并提高设计效率。

首先，人工智能结合大数据分析能帮助设计师更准确地把握时尚趋势和市场需求。通过分析大规模的时尚数据、社交媒体趋势、销售数据等，人工智能可以识别出潜在的流行元素、颜色趋势、款式特点等，从而为设计师提供更全面的市场信息和灵感来源。这有助于设计师精准把握消费者喜好，确定更具市场前瞻性的设计方向，从而创造出更能迎合市场需求的作品。其次，人工智能在设计过程中还可以为设计师提供实时的设计建议和辅助。通过机器学习和创意算法，人工智能可以根据设计师的创意输入，为其提供各种设计方案、面料搭配建议等，以帮助设计师更快速地找到灵感和解决设计中的问题。这种辅助设计的方式不仅减轻了设计师的负担，还有助于他们挖掘新颖的设计概念，可提高其设计效率和创作质量。

第三节 服装设计中的艺术美与科技美的统一

在服装设计领域，将艺术美与科技美巧妙地融合在一起，已经成为一种重要的发展趋势。设计师们不仅仅追求服装的视觉美感，还注重运用现代科技手段，提升服装的功能性和舒适度。通过这种结合，服装不仅能够展现出独特的艺术魅力，还能满足现代社会对实用性和科技含量的高要求。

服装设计中的艺术形式，能通过色彩、造型、图案、材质等审美效应改善人们的心理素质，丰富人们的生活情趣。服装设计中的工程技术，来自人们对穿衣的自发创造，发挥着替代和延伸人自身功能的作用，可调节和控制人的生命过程，创造出可以适应人们生存需要的客观事物。无论是技术产品或是艺术作品，它们的构成中都包含着人的主体因素和外在的客观因素。主体因素只有以客体因素为媒介，才能获得自身的主体性和表现性。工程技术的主体因素是由人的经验、知识和技能组成的，客体因素由工具、能源和材料等组成。技术和艺术都包含知识的成分，知识来源于人的实际经验，可上升为一种科学认识。因此艺术与科学技术的关系，正如当代艺术家张仃所说，是围绕造型艺术——特别是绘画，从文艺复兴到现在，五六百年间，人们创造的艺术解剖学、透视学、构图法、色彩学等技术科学，都是为绘画创作服务的。而服装作为实用性设计，其中的艺术与科学技术也借用和产生了如美术学、色彩学、图案学、结构学、工艺学、材料学等许多技术科学，并且这些技术科学都是为服装的设计应用服务的。

服装作为艺术与科学技术的综合载体，其艺术科学审美具有互动的链式反应，特别是在现代服装发展中，科学技术的进步越来越多地显露出科学技术的美对服装设计审美的支撑作用。科学技术本身不仅存在美，而且还可以进行审美和创造美，这个美产生的基础是实在的客体和美感主体契合的统一。艺术美的内容多是感性形式，科学技术美的内容则是由客观规律显现出的理性形式。作为设计者的设计主体审美心理和设计作品客体的审美属性都具有审美张力，这两种张力达成契合统一，便能产生令人动心的美感。就设计艺术审美活动而言，当作品的审美张力形式与设计主体的心理审美张力形式同形同构时，其作品就有了动情的美感，或可产生出美的意向；就科学技术审美活动而言，当具有客观规律的审美张力形式与设计主体的审美心理张力形式同形同构时，其作品就有了品质的美感，我们就有可能把握到艺术美的本质并创造出科学美的概念和符号体系，进而能体现艺术与科学技术审美的构成与表达，如黄金比和费波纳奇数列中数值越大越接近黄金比的数列比值，其数理科学的形式美所传达的也是设计艺术中的视觉形式美。对于服装设计造型、款式构成、形式美感、服装结构、服装工艺、服用材料等方面，局部分散、整体组合、结构与解构、人体功效度、材料的运用与制作等手段，无不存在"艺术科学"审美互动的链式反应关系，诸如设计中对服装廓型、长短比例、分割关系、领型、袖型、加放松量、面料、工艺手段等方面的分析运用；部件及附件设置上的局部造型、尺寸与位置、褶裥、波浪、花边、绊、带等的变化；重点造型部位，如上衣领弯曲程度、领角长短、串口线倾斜度、驳角宽度、袖山造型等设计安排，这些都无不蕴藏着艺术与科学技术审美的构成与表达。

另外，服装设计也受到后现代思潮的影响，对称性破缺、不和谐以及怪诞奇异等形式对科学和艺术审美创造表达的影响和作用，以及破缺、失衡、奇异、荒诞、百搭等在一定条件下审美活动的转化，即"混乱美"，它是艺术和科学技术在人类审美意识更高层次上对对称与和谐的演化，并将日臻完美。

作为人类生存的必需品和代表社会文明的标志物，服装应体现出功能性、时尚性，它是一种有机的统一体。因此，一名出色的服装设计师设计的服装，能把服装的各个方面都很好地结合起来，而不仅仅是用布料把衣服做出来，或是对时尚的模仿与复制。杰出的服装设计师应是一名艺术家，同时也应是一名掌握相关科学技术的工程师。如果一名设计师只偏重设计的艺术性，那么他所感兴趣的主要是设计的形式或是材料运用的美感，而不太在乎服装的服用功能性和商品性，其设计可能只是具有审美空间的形式化的优美作品。如果设计师只注重设计的科学技术性，那么他的设计可能是具有科技品质、做工精良的服装，虽然此服装也具有材料、功能、科技品质的审美，但这种美往往会缺少生机和灵性。

当科学技术被作为特殊艺术卷入或隐藏到设计艺术中时，艺术也就关系到了科学和灵性。科学技术与服装设计艺术的结合可以有不同的方式，是牵强地拉扯在一起还是使两者有机地融为一体，其结果是大不一样的。只有在美的结合点上，通过审美中介使科学技术与艺术整合和互补互促，才会使设计者免去徒劳无功的努力而达到一种理想化的境界。当审美成为科学技术与艺术整合的中介时，两者便可进入"艺术学科反应链"。此时，美的张力将可异常强劲而灵动地穿梭于两者之间，还可消弭两者明显的界限，设计师的创造性本质力量也能在其中得到空前的伸张和勃发，达到设计艺术与科学技术的审美构成与创造无限激发的境地。

纵观世界服装设计大师、名家的作品，其设计中所体现的"艺术科学"在互补互促和美感张力两者之间的灵动穿梭，无不给人们以强烈的审美震撼。国内以往对服装设计方面的研究多是在服饰美学、服饰文化理论、服装设计形式美原理、服装设计绘画、服装结构裁剪、服装工艺制作技术等方面的探讨，缺少对"艺术科学"审美互动有体系的深入发掘和研究，由于这方面研究的滞后，我国服装设计领域从基础理论到应用设计对服装本质的认识都不够，服装设计人员的专业素养与能力掌握不够全面。

研究探讨服装设计中艺术美与科技美的统一，能在服装设计艺术理论上提升对"艺术科学"审美品质的认识，有助于我们在科学技术的审美直觉中揭示服装结构与工艺的本质和规律性，并对其他设计艺术理论产生借鉴作用；有助于科学技术的审美创造，弥补服装基础理论的不足之处，从而使我们创造出更完善的新理论；有助于提升我们的科学技术审美素养，使设计师在运用科学技术美的同时能求得服装品质的真；在设计艺术运用对称、和谐、逻辑简单性和数理美的同时，它有助于促使科学技术理论不断深化发展；还能够在艺术审美、科学审美、技术审美等比较研究上，整合哲学、美学、艺术学、人体功效学、设计心理学、文艺理论等众多学科的学术观点，将过去单一的和互为分离的服装设计理论、设计方法、服装结构、服装面料、工艺制作等体现的科学技术作为一个审美综合体研究，由此开启服装设计中一个新的思维方式和概念范畴，从而扩大服装设计理论及其他设计美学、技术美学和相关人文学科的研究范围。另外，这也有利于专业人才综合素质的培养，能够对我国自主服装品牌设计研发起到积极的促进作用。

第五章　服装设计的审美创造与表达

服装设计作品的审美创造既是设计师个人才华的体现，也是其创造服装设计产品的先决条件。本章为服装设计的审美创造与表达，具体包括创造性思维审美意识及其设计方法、服装设计审美创造性表达。

第一节　创造性思维审美意识及其设计方法

按照思维逻辑关系，思维通常可被分为如下一些形式：围绕事物具体操作的行为思维；与人的心绪、感性相关的情绪思维；用已知事物来判断未知事物的经验思维；以公众认定的约定俗成的定律推理的公理思维；抽象的、规律性推理的逻辑思维；基于事物相对性的辩证思维；事物形、色具象的形象思维；对事物概括、提炼的理性抽象思维；常规的、共性的正向思维；反常规、从事物对立面切入的逆向思维；被相关事物引发灵性、厚积薄发的灵感思维；强调求异、立体想象、辐射开放的发散思维等。其中形象思维、抽象思维、逆向思维、灵感思维、发散思维等为创造性思维的重要形式，这些思维形式的组合，及其所产生的服装设计中复合思维的创新构思方法，能够体现时代文化、艺术发展走向及其审美意识。

一、创造性思维的审美联想

创造性思维首先表现为设计师在接受设计研发任务后的一种创作激情和活力，这种激情和活力使设计师能够积极主动地投入到设计任务的研究中去。设计师先是运用复合思维的多种形式提出各种设计方案，接下来是进一步对提出的众多方案进行优缺点的比较和完善，他们还要将其优点结合起来，选出比较理想、具有创造性的设计方案。

设计师在运用复合思维进行各种方案的设想时，其形象思维的想象力起着主导作用。形象思维是人们通过现实生活的各种形象、自然与人文情景、传统文化等方面的启发展开设计性的联想和想象。

在现实生活中，形象思维的联想与想象以自然物象和人文形象原形为创作核心，是有机相似生活的启示。设计来源于生活，许多立意巧妙的设计就在于现实生活中原形的启示所产生的灵感，而以自然物象中的仿生设计会得到原本预想不到的创新思维，如人们熟悉的燕尾服、蝙蝠袖、羊角袖、萝卜裤、灯笼裙等等。特别是在儿童服装设计、概念表演性服装设计、大型文体演出服装设计方面，设计师往往运用形象思维的联想与想象进行仿生设计创作。

如果说设计的审美创造依赖于形象思维的联想与想象发挥作用，那么，设计作品的审美欣赏则要以原有的形象为依托而发挥想象作用。在审美的过程中，审美者往往会突破时间和空间上的局限，可在设计作品中感受到比它所直接呈现的内容还要丰富的东西，从而获得更多的美感享受。联想与想象对于设计师是一种创造，对于欣赏者或消费者是一种合乎审美规律的心理现象。设计师可通过想象丰富的艺术构思创造出让人联想颇多的深沉浓郁的境界，欣赏者在审美过程中则能以丰富奇妙的想法"放大"设计作品艺术的容量，使之具有生动感人的魅力。

二、创造性思维与生活方式

创造性思维的关键是突破常规，而突破又必须建立在遵循客观规律之上，因此，创新是规律之中、常规之外的创造活动。突破和创新来自两个方面：一是已有的事物的合理性和存在的意义；二是分析现在和将来还需要做什么，因为设计就是要解决生活中的问题。现代服装创新设计的成败往往是用可否落实到人们生活方式上来检验的。

生活方式是指除物质生产和交换之外,人们日常生活采取的各种形式。它包括人们的衣食住行等物质消费方式、日常交往方式、休闲时间人们的精神生活方式以及礼仪节庆等社会习俗。从广义上讲,它还包括人们的生产方式,因为生活方式的形成是社会条件、自然条件、物质状况和精神状况综合作用的结果,而生产方式具有主导作用,当社会的生产方式变革之后,人们的生活方式必然产生相应的变化。生活方式的呈现有赖于一定的物质基础,物质条件的丰富为人们生活方式的选择提供了多样性,一种新的设计、新的产品可能会带来一种新的消费形式,并能直接影响到生活方式的某种改变。

生活方式具有特定的生活节奏和审美情调,如中式的茶楼、西式的咖啡屋、郊游野餐、家庭聚会等,它们各有不同的生活内容和情调。因此,不同的生活方式应有与之匹配的服装审美情趣,并成为生活方式的一部分。服装的审美效应在生活方式选择中具有重要作用,这种审美效应往往是通过特定情感激发产生的感性形式,而在这种形式之后隐藏的却是复杂的社会观念。如时下的家居休闲、生活休闲、运动休闲、商务休闲等生活中形形色色的品牌档次有着繁多、价格悬殊的服装种类,其意义已远远超出服装原有的蔽体保暖功能,其在服装审美形式的背后隐藏的是服装高品质的精美、个性与时尚以及服装品牌所具有的财富、地位、成就的象征意义。

当人们在生活方式中的情趣崇尚追求成为某种社会流行倾向时,物质的消费包括服装的消费及审美也会发生改变。如设计师设计休闲装不是为了"休闲装"这一概念,而是要设计一种人们置身公务之外,处于闲暇活动时间和空间的,或是逛街、娱乐,或是游玩、旅行,或是居家、闲怡,穿着方便、舒适、自然、使人无拘无束的服装。因此服装设计造型、结构、工艺、材料等一切设计要素都要以此为核心,将造型美、结构美、工艺技术美、材料美等物化到服装整体之中,以此传达生活方式中美的愉悦之情。从这一层面上,可以说服装功能和造型都不是服装设计的最终目的,创造性思维不能仅停留在服装具体款式的一般性创造上,设计师还要以界定的生活方式或以创造新生活方式为创造性思维的发散点进行服装的设计创新。如设计一组符合旅游需要、便于穿着、便于携带并具有多功能用途及防护要求的服装与用品，其设计定位既不能是单纯的旅行服，也不能是功能性防护服。只有将其抽象提取为一种"旅游生活方式"的概念，设计师才能扩展设计思路并结合科技手段，有可能设计出具有防蚊虫叮咬、防雨水、防风沙、应急发光、水中充气不沉，且在功能结构上可拆卸组合而且具有时尚的"多功能旅游防护服"创意。

随着社会经济的发展，针对人们对生活方式、生活质量的理解，对绿色、环保、健康的追求以及后现代时期审美意识的扩散，符合人们新的生活方式的服装也会相继应运而生。比如现今服装的设计更加注重纯天然织物的运用；彩色生态棉的开发；对服用材料安全环保性检测；服装设计元素中越来越多的磨损、做旧、毛边、抽褶、粗大夸张针迹表现运用等，充分体现了人们对生活高品质的要求和放松、随意的心境与审美趋向。

三、创造性思维的设计方法

创造性思维是多方位、多角度、多层次、不同形式的复合思维，能够对事物表象进行拆分、解构、取舍、重组，形成新的思维焦点，它可帮助设计师产生更多的设计方法。如以辩证思维产生的"极限夸张设计法"、以逆向思维产生的"逆向反对设计法"、以逻辑思维产生的"引借思维设计法"、以形象思维产生的"仿生意向设计法"、以发散思维产生的"物形结合设计法""联想拓展设计法"等，这些方法都对服装设计原创性构思灵感的引发起到了极大的作用。

在实际设计中，设计思考的过程并不存在明显的思维形式的界限，而是立体化地形成一个思维发散空间。如服装创新设计中，设计师在采用逆向思维的前后反对、上下反对、内外反对、异质同构等设计方法的同时，还要以具象思维和抽象思维去考虑部位形态的提取与重组所产生的造型及与众不同的美感形式，并且要运用经验思维预见此项设计制作工艺的可行性及材质的成型状态，使设计作品不仅在艺术审美层面，而且在功能性审美以及技术审美方面都得到审美者的认同。

（一）引借变更设计法

引借变更设计法是指将已出现的服装设计中具有较强时尚引导性和审美价值的服装风格、款式造型、色彩、面料、结构、工艺及饰物等审美要素引用借鉴过来，并对其进行变更，重新组合形成一种新的服装设计形式美的创造。在服装商品性设计生产过程中，这种方法常被许多服装企业采用，因为这样可以使设计师引领企业服装设计的开发思路，把握时尚脉搏，使其设计出符合市场需求的产品。如服装衣身上的"裂隙开洞""缝缝外翻"等，国际时装发布会一出现，人们很快就会见到服装企业引用此元素设计的成衣产品。而一些企业将市场上销量好的服装设计元素引借变更后用在自己产品中，使之成为新的畅销服装，也不失为一种在服装产品设计开发中行之有效的办法。例如企业可以以某些服装上的衣袋、衣带、腰带造型为引借变更要素进行的服装设计创新应用，通过衣袋、衣带、腰带要素大小、形状、布局及其他要素的相应配合，表现出具有一定审美形式的设计款式。

（二）物形结合设计法

物形结合法是指将原服装中的要素或其他事物，两种或两种以上结合起来进行设计，并创造新的设计产品和审美内涵，如帽子与服装的结合，产生连帽装；背包或手袋与服装的结合，产生行囊装。而设计师运用现代高科技手段产生的发光、隔热、防紫外线、防辐射、高强度等不同材料与纺织纤维的结合，能够使服装具有更多的特定功能，进而为服装设计提供更广泛的审美表达形式。而物形结合法不仅能被应用在服装设计中，如今它还更多地被应用于其他设计门类，如电话与收音机、时钟、照相机、电视机、计算器、手电筒等原本各自独立物体的结合，产生了当今具有强大复合功能的手机。

（三）联想拓展设计法

联想拓展设计法是指以某一事物、现象或某种意念的原型展开联想所进行的创新性设计。由于每个人的社会文化背景、生活经历、艺术修养不尽相同，联想思维的展开、灵感想法的提取和作品设计的审美表达会有各种不同情况，即使是对同一意念原型展开联想，其最终的结果也是不同的。如在 2008 年北京奥运会颁奖礼仪服装设计作品征集活动中，设计师们都不约而同联想到要从中华民族传统文化中提取设计元素，他们有的从传统旗袍形制、有的从龙凤图案、有的从牡丹图案、有的从华表云纹等方方面面展开联想，寻找设计切入点，使这一主题成为当时一些设计师们孜孜以求、用心探索的一项重要工作。

例如某两款服装设计分别以手表和仪器设备零件为原型，设计师对其形态进行具象、抽象提取，进行饰物装饰和款式构成的联想拓展设计，这两组设计虽不是什么大主题的联想，但通过一般事物中的联想与元素的拓展运用，设计师也能获得颇有新意的设计审美形式。

（四）逆向反对设计法

逆向反对设计法是指对服装原本符合规律的要素与穿着形式从相反或相对的角度进行思考，以产生一种反常规的创新设计意图，如上装与下装的逆向反对设计、内衣与外衣的逆向反对设计、里与面的逆向反对设计、前与后的逆向反对设计等。逆向反对设计法可以改变设计者常规性思维形成的思维定式，能够带来突破性的设计灵感，其设计表达形式往往会产生有个性特色、前卫感和意料之外的惊喜，从而使人们能够获得求新求异的审美生理与心理上的满足。

（五）极限夸张设计法

极限夸张设计法是指将服装上的造型要素进行极度夸张或缩小，在被夸张和缩小的极限范围之内，寻求各种造型与设计表现形式的可能性。如衣袋可以夸张成在衣身中占主体表现地位的款式要素；普通平翻领可以夸张为大披肩领或极限拉长为飘带领；袖子可以极限夸张成戏服的"水袖"，也可极限缩小为靠近袖窿的带状袖或紧贴手臂的紧身袖。在这极限的夸张与缩小之间，设计师的审美感觉和审美判断力起着至关重要的作用，服装设计美感形式的表达往往就在其对各种造型可能性微妙变化的捕捉上。

（六）主题意境设计法

主题意境设计法是指设计师以外界指定的主题或自己选定的主题为设计题材，从具象或抽象的角度对主题意境进行设计构思。主题意境设计往往是综合性运用各种设计方法，并且是具有很多文化内涵思考的设计创作，因此它要求设计者对历史、民族传统文化、人文社科等具有较深入的了解，对主题设计涉及的各方面知识进行高度归纳概括和提炼，并将其转化为可视的服装作品形象来表现主题意境的设计审美。如《黑土瑞雪》的主题设计，其设计理念涵盖了东北地域的自然环境特征、风土人情、民俗文化和现代服饰文化等诸多方面，因此该作品表现出的是一种质朴、浑厚、野性中带有极强地域文化特质与现代时尚的审美意境。

（七）形量增减设计法

这种方法近似于引借变更法，是指设计师对已出现的服装设计中具有时尚引导性和审美价值的服装款式造型、色彩、面料、结构、工艺及饰物等审美要素，进行增量、减量处理，使设计作品复杂化或简单化。这种方法运用往往根据时尚流行趋势和服装档次归类来决定设计要素是增量还是减量。在追求奢华性审美的时代，服装设计大多运用形量加法；在崇尚简约性审美的时代，设计师一般运用形量减法进行服装设计。另外，高级时装设计、高级成衣设计一般运用形量加法，由此可表现出很强的艺术审美特征，而普及性很强的工业化成衣设计一般运用形量减法，因为工业化成衣生产往往是删减不必要的零部件和无关紧要的装饰，其服装设计审美主要是表现时代精神。

第二节　服装设计审美创造性表达

服装设计审美的创造性表达，是服装设计形式美与科技美综合运用的体现。其创造性表达的载体便是服装的造型设计、面料应用设计、结构设计、工艺技术设计、科学的设计程序以及现代高科技设备的应用等。而各种形式美要素与科技美要素运用所获得的效果，就是服装设计作品表现出的各种不同的审美意境。比较成功的服装设计，所遵循的比例、均衡、节奏、重点这些形式美法则都是在艺术与科技的相互渗透、融合中，以不同的思维方式各有侧重地表达作品，鲜明突出各种风格特色，进而构成服装整体造型的最终审美效果。

一、服装设计侧重款式造型的审美创造性表达

服装款式造型设计包括服装风格类别、廓型、色彩、图案、配饰等诸多因素。每一种因素，在服装设计美学中都可被分出较完整的学术体系，而它们又相互关联、相互交融。服装风格类别决定服装廓型；服装外轮廓型往往影响着内轮廓的款式构成；内轮廓的款式又会关系到结构与图案装饰；而色彩、面料的流行性及服饰文化理念、社会思潮又会制约着款式造型的时尚性。服装造型设计的审美表达就是在这样一些形式因素的此起彼伏中获得一次次突破和创新的。

例如，某款服装上衣外轮廓造型大气、舒展、挺括，造型对称、简练，具有古典主义雕塑般的力量感；下身裙装秀美、轻盈，与上装形成动静、柔挺、轻重等多重对比，服装整体具有简约中的独特、沉稳中的灵动之感，服装设计整体可呈现出一种隆重、经典之美。

又如，某款服装可突出内结构款式的设计特色，能以层叠翻转的垂褶表现风中舞动的花叶，用浮雕般的层层花瓣形镶缀其中，垂坠的活褶与花型形成极强的韵律感。其服装设计作品以隐喻的意境与律动的形式美构成服装设计主体，具有

诗意的审美意境

再如，威尔萨斯在1991年设计的外出装，其服装设计突出表现了面料上不同纹样类型图案的混杂运用与鲜艳的色彩，使之成为波普艺术风格在服装上应用的典范。服装设计的审美在于打破传统色彩图案运用法则，以花哨、艳俗的形式表现出一种大众化的审美趣味。

二、服装设计侧重面料应用的审美创造性表达

服装设计面料应用是服装设计审美表达的重要环节，面料往往既体现着织造科技因素的美，同时又可在图案花色、质地肌理上表现出艺术形式的美。服装设计面料应用主要有两种形式：一种是目的设计，即首先设计出服装的款式造型，然后根据目的要求设计面料；另一种是应用设计，是根据现有的面料或利用现有材料进行二次设计再创造。现有面料应用多为工业化成衣设计，它具有商品化的普及性，例如香奈儿品牌发布的2010秋冬季设计作品，所用面料均具有极强的视觉与触觉肌理效果，可体现现代科技发展对面料织造所起的重要作用。而每款设计作品不同的面料肌理形态，则表现出服装粗犷风格中质朴、优雅的审美特性，并且能较贴切地表达出高速发展的现代社会，人们向往回归自然，渴望纯朴、恬静生活的心态。长久以来，面料一直朝轻质化趋势发展，但如今潮流开始逆转，面料开始变得越来越紧密、结实，甚至厚重、密实，常加以毡缩、煮练或轧花处理，面料不再流行那种华而不实的风格，足够的厚度能够营造出一层可靠的"外壳"，为着装者带来足够的保护感或强调夸张的体积感。

服装面料二次设计创造多在高级时装、高级成衣、量体定制或艺术表演服装上得以应用，而且面料二次设计创造还会促进面料工业化生产机器设备的发明和革新，推动科技的发展进步。面料二次设计创造主要是加强材料视觉、触觉质地上的特征，能以富有个性的材质肌理表现服装设计特有的审美内涵。例如，现代工业织造技术的肌理效果，具有优雅、新颖的品质美；大面积毛绒感面料肌理的应用，能够使人们感受到一种亲切、温暖的审美情调；原始、质朴、粗犷风格的

面料应用，具有一种原生态的自然美。

三、服装设计侧重结构的审美创造性表达

服装结构设计的审美创造性表达，是承载和传达科技审美的重要依托，结构设计中的数理性、人体功效性往往隐匿着科技因素的时代性。服装结构本身虽属服装设计的内形式，但其结构间的衔接组合状态，是以外在的形式表现出来的。内形式的结构要素往往通过对外形式的影响而起到审美作用。服装结构是设计师体现创新能力的技术支点，各种社会思潮理念下的设计意识往往通过结构设计这个支点显露出设计师对服装结构不同的审美取向，如传统意义结构中的理性、严谨，后现代思潮结构的非理性、破缺、解构，它们无不蕴涵着服装结构设计审美意境的经典与突破。例如，某款服装整体为常规理性结构关系，但其衣身纵向主分割线和衣身下部横向分割线的缝份外翻以及前胸由领口折叠具有造型省作用的活褶，这着重强调了服装结构设计于传统严谨中的现代审美流变。又如，迪奥品牌设计师加利亚诺的某款作品，其服装外套结构上的夸张，强化了造型上空间外延的张力，纵横交错如乞丐服补丁般的线迹，可创造出一种粗放的律动感。内衣的鲜艳色彩搭配及裙装结构的明度对比拼接、卷棱，充分运用了后现代服装设计的解构关系，而且儿童服般的布贴装饰、护腿的流苏、怪异系扎的鞋子以及线绒高耸的帽子，使整装设计在形式上表现出服装多元文化意向中反传统审美规则的突破。有不少出自当代世界著名设计师之手的服装作品，其设计均以反传统的破缺、正位逆转、内外反对、镂空通透、衣片无序叠置等制造一种解构意识下非理性的意外与惊喜，设计师借此传达服装设计审美的非常规运用，表现一种解构意识非理性的另类审美思考。

四、服装设计侧重工艺技术的审美创造性表达

服装工艺技术是体现服装设计产品整体品质美的关键，现代服装工艺不只是服装的缝纫制作及装饰，还涉及以各种技术手法进行的创新应用。这些工艺技术

形式虽然往往始于设计者们非规律性运用材料与技术的尝试，但由于它们符合美的法则、符合人们求新的审美需求，会被转化成为合理性的审美，这种合理性的审美，也充分表达了服装设计艺术与科技审美"链式"反映的特征。

服装工艺技术的创新应用，在满足人们求新的审美需求同时，还要充分考虑服装的款式造型、色调花型、材料质地、工艺装饰及传统的缝纫技艺等多方面因素的协调，设计师要把服装的效用、舒适、适度以及造型的美观等有机地结合在一起，以"多样统一"的形式美最高原则，来体现实用价值与审美价值相互作用的审美需求。

例如，某款服装属晚会主持人服装，其造型以中式传统旗袍样式为基型，并结合省的变化与局部适当透露进行设计。其服装制作工艺与装饰工艺运用了镶嵌滚边、盘扣、贴补绣等手段，特别是胸前的牡丹图案，以薄纱分色手工机绣来表现牡丹的虚实和层次，牡丹与凤凰采用不同的装饰材质以及中式旗袍元素、现代服装造型结构的结合运用，使服装承载了浓郁的民族文化，具有既时尚、又有民俗化、喜庆、富丽的审美格调。

五、服装设计侧重科技成果应用的审美创造性表达

科技改变了服装业的生产模式，也改变了人们对服装的审美观念和评价标准。随着当今科学技术水平的快速提升，服装工业生产已逐步形成半智能化趋势，科技发展带来的新技术、新工艺、新材料创造了服装设计的新风格、新产品，这充分迎合了人们追求个性的心理。如先进的纺织设备，使质地不同、风格迥异的服装面料和辅料层出不穷，不同天然属性的织物材料通过特殊处理被赋予了新的生命力。服装科技的应用无不在改变着人们的着装，改变着人们的观念，同时也在不断影响着设计师的设计理念。

设计师们结合运用科技手段不断探索、尝试新的设计方式和装饰手法，以传达、表现设计作品的审美，这些对于追求个性文化品位的消费者来讲，都会是一种能够时时感受到的喜悦。如纺织生产工艺后整理使用酶技术，取代生产工艺

中危险的化学品，可大大减少纺织业对环境的不良影响。这个新技术可以在较低温和弱 pH 条件下参与牛仔布的水洗石磨工艺、调色工艺和漂白工艺，而且能够显著地减少耗水量。又如设计师用从玉米中提炼的原料纺织成的涤纶纱线，可代替一般从石油中提炼的聚酯乙二醇，新纤维的功能性强于传统涤纶，具有抗紫外线、抗氯及吸汗排汗等特效功能，其色彩鲜艳度高并具有易打理和快干的特点。另外，由现代数码技术制造的最新流行面料具有水滴、泼溅、污迹、调色刀效果外观；树脂涂层、沥青光泽、扎染、水洗做旧、随意的后整理和强烈的破败感；大理石斑驳色彩、细胞状结构印花、仿自然褪色、揉皱新工艺处理；利用废旧材料、可乐瓶的新型可循环环保材质以及金属、聚氨酯、陶瓷纤维、光滑棉纤维、光滑合成纤维以及纳米技术处理的防水、防油污、透气、无毒性的面料等，就是人们从抽象艺术、画家的画室、街头涂鸦、先进技术的印花、生态环境中寻找灵感，借助现代科学技术强大力量创造服装材料生产的可能性，使设计师能够创造和还原贴身舒适的旧衣所具有的亲切感与亲肤感的情感审美。

例如，有的服装设计将金银箔片压印在全棉折叠成褶的材料上，再展开面料上的褶，使金银箔片撕裂成褶皱花纹的设计；有的服装设计利用数码技术制造随意杂乱的泼溅、污迹般染色、水洗做旧的破败感外观，使面料犹如油漆工被污染的工作服，给人一种惊愕、与生活常理相悖的视觉刺激，这种震撼之余，不由得使人感叹后工业时代人们的审美意识已趋向多元化，人们正在逐步崇尚无序化的"混乱美"。人们利用科学技术可以使设计与艺术美由一种序的对称性破缺或变化的规则系列成为另一水平序的基础，进而递升到较高级水平。

六、服装设计时尚趋势综合性审美创造性表达

时尚是一种文化，它可以被看成一种以流行为特征的文化现象，服装设计就是创造并传达这一文化现象的载体。时尚文化趋势的发展是以服务于人们的生活、满足人们的需要、实现人性的愿望为前提的，否则，时尚文化不能吸引人们的参与，就难以广泛流行并无法维系自身的存在。而流行时尚的审美所关注的正

是普通民众的审美需要、心理诉求、趣味爱好和主体角色等，它不像传统美学审美那样偏重于少数精英层面的心理感受和审美理想。从根本上讲，服装设计时尚趋势综合性审美表达是以普及型的以人为本作为设计的初衷，以体现个人自身的生存方式和一切人本质力量的自我炫耀为结果的审美创造。

后工业时代的今天，人们面临全球变暖、生态环境恶化、经济危机等来自四面八方的压力和挑战，也面临着巨大的社会和生存问题，人们通过审视作为人类的真正意义，试图找到解决问题的途径。而这些人们所关注的焦点问题，也以不同方式成为时尚的理念，转变为理解人类需要和欲望的个性化表达趋势。

如以早期拓荒者、探险家为题材，表现野外生存坚强、执着的时尚趋势，是通过淤泥绿和泥浆黄的色彩，和具有保护感和功能性皮革、粗糙而有弹性、柔软而又贴合的面料，搭配军旅风格下装的粗犷设计风格和审美意境，来满足当今不同消费层的不同需求的。

创造性地运用后整理技术，以保留色彩较深的线条来强调服装的外形和结构的时尚趋势，是将牛仔布原有的靛蓝色褪色做旧，使之弱化成如隐约可见的雾气般的美态为代表，由此来引发人们突如其来的怀旧之情。

阳光沐浴中的暖调裸色、阳光古铜中性色、精致仿皮肤色、杏黄色、浅淡的化妆品色共同组成新的时尚色组，可被用于日装到晚装的所有领域。流畅爽滑的皱纹套装料、线状珠饰的薄纱、真丝薄纱、半透明薄纱、精美的蕾丝，成就了极其柔美的正装、长半裙搭配的休闲西服、蕾丝上装搭配的正装裤以及半透明蕾丝嵌片薄纱连衣裙，分别打造了若隐若现的蕾丝性感特征和材料柔美悬垂的审美效果。

有些服装设计注重漂亮性感外观的运动风时尚，采用经典的弹力运动面料、网眼，如灰色运动衫、T恤和背心裙、层次分明的平针织衫或几何色块组合醒目的抽象图案，表现美式运动风的"整装归来"，其性感漂亮的外观审美比服装的功能性更加吸引人们的注意。

强烈的色彩、满幅图案、民俗元素、街头服装、20世纪60年代的图案风格、卡通和流行艺术、旅行者外观、包裹和层叠的廓型、灯笼裤和土耳其长衫，这些是年轻还有些另类的时尚主题。街头风格与校园制服完美结合，大胆的设计结合浓烈的色彩，并融入民俗元素，在这里所有的元素都可以随心所欲地进行自由搭配。

超薄面料的体积感以包裹缠绕方式和加捻方式带有古希腊式的飘逸风格，并通过解构与重组创造新廓型的时尚，看上去是由一片式面料构成的极度女性化的性感廓型，没有任何缝线和固定细节，但它以强烈感性、迷人的主题营造了一种既古典又时尚的美。

招摇的荷叶边装饰着各类服装，不仅会出现在晚装上，还能让其他服装表现得时髦轻松，其所选用的面料种类多种多样，设计师以丰富的流苏和炫耀的项链搭配，更精心利用小碎褶来表现女性的柔美和女孩子的浪漫与俏皮。

厚皮革、带毛羊皮、厚重华达呢、蜡纺与涂层面料所塑造的厚重大衣和兜帽以及军装风格外套与飞行员夹克，搭配弱不禁风的蕾丝、飘逸的雪纺、轻薄的丝绸、轻软的薄纱、内衣色丁、超细的针织和平针织的连衣裙也成为一种新的时尚。军旅风格的男性化外套保护着脆弱的里层服装，精致的内衣以强势的外套保护，表现了一种极端合一的情境美。

3D电影《阿凡达》所营造的奇幻景致在人们心里构建起超现实世界梦幻般的意境，薄透、轻盈、光洁、闪亮的面料在朦胧效果中飘飘然，海底世界梦幻般的印花和水波般的流光溢彩为服装的设计提供了新的灵感与时尚。其设计所呈现的状态是人们想过却并不曾敢于尝试的，是反叛的探索以及对于约束的本能抗拒，一股由电影《阿凡达》的流行而催生的紧身潜水弹性布料、色彩缤纷横条斑纹图案、装饰浓密珠子和羽毛刺绣的时尚与人们对离奇虚幻审美意境的寻求已悄然形成。

参考文献

[1] 吴卫刚.服装美学 [M].北京：中国纺织出版社，2018.

[2] 毕虹.服装美学 [M].北京：中国纺织出版社，2017.

[3] 华梅，刘一品.服装美学 [M].3 版.北京：中国纺织出版社，2008.

[4] 唐金萍.服装服饰创意设计研究 [M].长春：吉林美术出版社，2020.

[5] 史林，宋文雯.服装系列 中国高等艺术院校精品教材大系 服装创意设计教程
    [M].北京：人民美术出版社，2022.

[6] 许岩桂，周开颜，王晖.服装设计 [M].北京：中国纺织出版社，2018.

[7] 徐丽慧.服装款式设计与配色 [M].北京：金盾出版社，2009.

[8] 洪波，王燕.服装与服饰搭配 [M].北京：北京理工大学出版社，2022.

[9] 郑应杰，吴晓燕，张媛.服饰设计美学 [M].哈尔滨：黑龙江科学技术出版社，
    2000.

[10] 肖琼琼，朱亮.服装设计理论与实务 [M].上海：上海交通大学出版社，
     2022.

[11] 王芬.服装设计美学的意蕴及文化内涵 [J].棉纺织技术，2021（7）：105.

[12] 班婷.服装设计的美学视角 [J].辽宁丝绸，2016（2）：20-21.

[13] 刘琼.设计美学规律在服装设计中的应用探析 [J].鞋类工艺与设计，2022
     （15）：21-23.

[14] 李佳玺.服装设计美学的文化内涵与实践 [J].棉纺织技术，2023（3）：93.

[15] 韩琳.谈服装设计与美学 [J].黑龙江科技信息，2008（15）：169.

[16] 薛瑰一.服装设计美学中的行为艺术分析 [J].艺海，2013（10）：102-104.

[17] 钟尧. 服装设计的美学原理、造型设计和视错运用 [J]. 广西纺织科技，2008
（4）：45-49.

[18] 梁圆. 基于色彩美学的服装面料设计探究 [J]. 鞋类工艺与设计，2024（3）：
3-5.

[19] 周瑞. 服装设计在美学中的体现 [J]. 戏剧之家，2018（10）：146.

[20] 宋明霞. 服装设计在美学中的体现 [J]. 品牌研究，2018（4）：130-131.

[21] 刘韦婷. 镂空在针织服装设计中的创新应用 [D]. 天津：天津工业大学，
2023.

[22] 陈君晴. 点在服装中的造型语言与情感符号 [D]. 北京：北京服装学院，
2021.

[23] 赖雨婷. 条纹装饰与视错在服装设计中的应用研究 [D]. 北京：北京服装学
院，2017.

[24] 邬仁亚. 视错空间设计方法在服装设计中的运用与表现分析研究 [D]. 杭州：
浙江理工大学，2017.

[25] 张妍. 维度视错在服装图案设计中的运用研究 [D]. 上海：上海工程技术大
学，2018.

[26] 潘媚. 传统绢花工业在服装设计的创新应用研究 [D]. 广州：广州美术学院，
2023.

[27] 刘惠雨. 发光材料在针织服装设计中的应用 [D]. 天津：天津工业大学，
2023.

[28] 魏晓洁. 浅析面料再造在服装设计中的应用 [D]. 天津：天津美术学院，
2022.

[29] 马瑜鸽. 生态服装设计应用研究 [D]. 武汉：武汉纺织大学，2017.

[30] 张俊娟. 浅析线在服装设计中的运用 [D]. 重庆：四川美术学院，2018.